侯東政，李慕楠 編著

當人類第一次開始感知「時間的流動」，
時間就開始無孔不……的生活！

時間科學與人類文明的演進

量度宇宙的節奏

從恆星到原子，

「時間」在每一瞬間編織宇宙的絲線，

塑造古老文明、演繹著自然界的生命律動、推動科技知識進步……

從古老神話到現代科學，揭開時間與人類千絲萬縷的關係！

目錄

★ 宇宙節奏：天體週期的奧祕

目錄

★ 生理時鐘：自然界的時間奇蹟

★ 時間的軼事：趣味與奇觀

目錄

★ 世界之最

目錄

宇宙節奏：天體週期的奧祕

人類與時間：從認知到定義

在日常生活中，我們每天都會不止一次地提到「時間」這個詞。但是，如果有人問你：「什麼是時間？」你該怎麼回答呢？

你乍聽之下或許會覺得這個問題很簡單，但當你開始組織語言試圖回答的時候，可能又會感到茫然，不知應該如何措詞才好。

這種直覺和行為之間的衝突，恰好反映了多數人對時間的模糊見解。

然而，不管人們的感覺和認知如何，時間總是一刻不離地伴隨著我們的日常生活與活動。壯觀的黎明、綺麗的晚霞；楓葉由綠轉紅；候鳥南來北往；天體的形成與演化、乃至於人類的出生到死亡，無一不是在時間的規範之下所運作著的。

時間也是一個基本的物理單位，它與科學技術的發展密切相關。自古以來，人類曾經利用各種不同的週期運動作為標準去測量時間，並創造出巧奪天工的計量時間的工具 —— 時鐘。

時間感知：從具體到抽象

在人類對於客觀世界的感知中，最難掌握的可能就是時間——它看不見、摸不到，且永遠固執地向前奔馳。人類在時間的長河中誕生、成長，也在這條長河裡衰老、死亡；人生中的一些重要經歷，包含童年、嫁娶、事業上的失敗和成功，無不以時間來劃分。因此，如何在有限的時間裡做出更多有益於人類的行動，創造出生命的最高價值，就成為人們對時間投以莫大關注的一個重要原因。

人類在與大自然的相處過程中，不但很早就知道依照天象、星辰變化的規律制定曆法，編排年、月、日，並用這個規則來記錄包括他們自身經歷在內的重要事件，還逐步學會製造各式各樣的時鐘，為自己的起居作息提供參考。隨著科學技術的進步，人類控制和駕馭時間的能力也在不斷提高。

但奇怪的是，一直以來人類卻沒有找到科學的時間定義，換言之，人類並不知道時間到底是什麼。心理學家認為時間是人的感覺意識；物理學家視時間為運動的單位；而對於某些哲學家來說，時間則是另外一種東西。儘管這些人各自都可以撰寫有關時間的著作，但卻沒有一個人能以讓其他人滿意的詞彙說出時間的定義。

第一個說出定義「時間」相當困難的人，是距今 1,500 多年以前的西羅馬帝國主教奧古斯丁（Augustine），他說：「什麼是時間？如果有人問我，我知道；如果要求我解釋，我就不知道。」

奧古斯丁對時間進行過許多研究，他還發表過其他一些似是而非的言論。可以推想，奧古斯丁所知道的，可能是人類對於時間的意識或感覺；而他所不知道的，恐怕正是產生這些意識或感覺的客觀的時間本體。

在科學概念和日常生活中，「時間」這個詞包含各自獨立卻又相互關聯的兩種涵義：時刻和時間間隔。前者表示時間長河裡的某一個瞬間，後者表示一段時間的間距。例如「第一節課從幾點開始？」指的是時刻；而「第一節課要上多久？」則指的是時間間隔。

時刻和時間間隔可以用相同的單位 —— 日、時、分、秒等來表示，但它們之間是有區別的，且它們雖然可以對時間作出一種具體的描述，但對於了解時間的本質卻沒有任何幫助。

「什麼是時間？」這個問題歸根究柢是與認識論（Epistemic）中一些基本問題的解答連結在一起的。這些基本問題包括：人的感覺是客觀存在的反應、還是說客觀存在其實是人的感覺的集合體？

唯心主義的作家們對於時間所作的種種論述，差不多都以後者為依據。儘管他們也可以對時間的某些特徵作出相當詳細的描述，但他們終究不可能揭示時間的本質；而當他們難以在自己製造出來的時間迷霧中為自己的觀點找到一個經得起辯證的說法時，又往往不得不求助於神靈，或者把時間解釋為未知的怪物。

時間本質問題開始真正被解決是馬克思主義（Marxism）誕生以後的事。馬克思主義認為，時間的本質在於它的物質性，它並不依賴於人類的意志而客觀存在 —— 時間是物質存在和運動的一種最基本的形式，具有宇宙以及宇宙和觀察者之間相互連繫的基本屬性，「時間以外的存在和空間以外的存在，都是非常荒誕的事情。」（恩格斯《反杜林論》）物質運動、變化的永恆性，賦予時間無限性。馬克思主義哲學對於時間本質的論述，為人類對時間的認知開闢了一條正確的道路。

日、月、年的概念的產生，以及時間均勻流逝的理論的建立，意味著人類對時間的認知已經由經驗感覺達到理性思維的階段；而同時的相對性（Relativity of Simultane-ity）以及重力時間膨脹（Gravitational Time Dilation）等理論，更是這一理性思維的進一步深化。

發展驅動：人類對時間認知的演進

在人類發展的史前階段，由目前的資料可以推測至少有 3 個原因，促使人類去了解時間，並不斷地推動既有認知向前發展和深化。

首先是生存的需求。遠古時代，人類使用最簡陋的工具，靠採集和漁獵等方式獲取食物，藉以延續自己的生存。如果情況順利，每天所得的食物尚能勉強果腹；如果剛好遇到災禍，就只好忍飢挨餓。為了遮風避雨，他們往往把森林、洞穴等天然場所作為固定的居住地點，過著「日出而作，日落而息」的規律生活。而正是出於這種生存競爭的需求，這個時期的人類不得不對因太陽東升西落所引起的時間變化有最粗淺的了解和認知，例如什麼時候出發、到多遠的地方去採獵，才能在日落前趕回居住地點 —— 因為如果在日落之前回不到居住的洞穴，對他們來說是很危險的，因此可以推測，這或許就是人類認知到晝夜交替和白晝長短的開始。當然，此時期的認知應該還是十分膚淺、甚至可以說並不比某些動物高明多少的，因為此時期的人類活動範圍還很狹窄，大腦的抽象思維和判斷能力也還很差。

第二是發展的需求。隨著生產方式的改變，以採集漁獵為生的原始人類逐步過渡到農業社會，在農牧業生產中，作物的播種、耕耘、收穫、貯藏，都要與季節變化密切配合 —— 如果能與季節變化好好搭配，便可以得到好的收成，稍有差錯就會造成歉收。如果說原始漁獵社會離不開「日」這個概念的話，那麼對於農業社會來說，就不能沒有月份、季節和年的知識。古人最初是根據草木枯榮、鳥獸出沒等現象來確定月份和季節，並藉以搭配農牧業生產，動植物與自然環境的變遷一次又一次重複地印入人類的腦海，同時天象重複且規律的呈現同樣留給人們深刻的印象，它們之間的相互關係便逐漸被人類了解，於是，透過觀察日月星辰的運動變化來確定這些比日更長的時間單位就是很自然的事了。

第三是建立唯物主義（Materialism）宇宙觀的需求。時間問題是人類了解宇宙的兩個基本組成要素（另一個是空間）之一，亦即是，它是人類世界觀的主要內容。而既然牽涉到世界觀，就有唯心和唯物之分 —— 之於前者，我們可說自從人類社會產生階級以後，統治階級總是針對時間和空間編造種種荒誕怪論，藉以欺騙人民，達到鞏固其統治權力的目的；而之於後者，則基本上任何一個對自然現象進行客觀研究的人，都承認時間的客觀存在性。因此某程度而言，科學化的時間知識，與天文學、生物學、地質學、人類學等比較古老的科學知識一樣，是在與唯心主義（宗教迷信）的搏鬥中被建立起來的。

神話中的時間：傳說與故事

我們還可以透過那些遙遠時代所流傳下來的神話傳說，去尋找鳳毛麟角，推斷古人對於時間的認知程度。從神話或者傳說中研究科學議題，乍看之下似乎令人難以理解，畢竟在現今社會，神話與科學是對立的；但在古代，尤其是遙遠的古代，神話作為一種意識形態，卻能夠反映原始人類希望改變自然的樸素想像，也反映了他們對自然界的認知程度。

關於時間觀念的種種傳說，幾乎都是與宇宙起源的神話連結在一起的。比如中國，時間起源的概念就被包含在盤古開天闢地的神話之中——據《三五曆紀》載：「天地渾沌如雞子，盤古生其中。」後來，盤古把太陽和星星從渾沌的懸崖上鑿開，因此「陽清為天，陰濁為地。」從而創造出宇宙，時間也就從這時開始流逝。

另外還有《尚書．堯典》，其中載明了約於西元前 22 世紀，就存在著專管「曆象日月星辰，敬授人時」——即負責觀察天象和確定時間——的官員，反映出當時這項工作在農業社會中的重要地位，直到今天，則成為這類型確定及提供時間資訊的工作被稱為「校時」的由來。

與上述十分類似者還有《山海經．大荒西經》：「大荒之中，有女子方浴月。帝俊妻常羲，生月十有二，此始浴之。」其中提到了天帝的妻子常羲生了十二個月亮，恰好可以說明農曆一年之中有十二個月的原因。

若談到一個月之中關於天數的典故，則還有《緯史》卷九引〈田俅子〉可供參考：「堯為天子，蓂莢生於庭，為帝成歷。」《述異記》中也說：「堯為仁君，歷草生階。」這裡的所謂的「蓂莢」或「歷草」，都是指生於臺階旁邊的一種植物，這種植物從每月初一起，一天會結出 1 個豆莢，到月中共會結出 15 個；從第 16 天開始，每天又會掉下 1 個豆莢。因此，如果是共有 30 天的月份，它就會在最後一天掉光；如果只有 29 天的月份，它就會剩下 1 個枯萎而掉不下來的豆莢。到了漢代，張衡甚至根據這個概念製做出一個木製的豆莢，作為當時的日曆用以參考。

除了東方世界，其他大陸關於時間的典故也相當豐富。在古埃及的神話傳說中，大地是身披植物的男神「蓋布」的身軀，天空是姿態優美的女神「努特」。最初，蓋布和努特緊緊相連於靜止的水中，後來，有一個新的空氣之神「舒」出原始的水中出現，把他們分開，創造了天地。

而從創世之日起，智慧之神「托特」就開始計算時間——這也是在埃及的曆法中，一年的第一個月份以托特命名的由來。

在古巴比倫，由於人們生活在幼發拉底河流域的平坦平原上，他們在觀察遠處景物時，往往只見到在地平線上有「消逝」的景象，因此觀念中認為大地是一塊四周被海洋所包圍的平板，海洋外側則有陡峭的大山支撐著天空，天空內側羅列著星辰；而白天和黑夜的變化，則是因為大地之下有一根巨大的管子，太陽白天在天空中，隨著時間越來越晚逐漸往西移動，夜裡就潛入管中，到了隔天早上才又從東邊的開口跑出來。

上述這些神話與傳說，部分是出自於人類的直覺，也有部分是被杜撰出來的，在今天看來，或許會感到十分荒唐可笑，但這卻是人類在「認知時間」的歷史上一個具有意義的階段——它反映出人類利用並借助想像的力量去征服和支配自然的願望。但是，隨著階級社會的產生，統治階級卻反過來利用這類神話，使其完全喪失原來的意義，而成為對科學的反動了。

星與日：恆星日與太陽日的差異

「宇宙」這個概念在時間上是無窮無盡的，也就是說在宇宙中，時間本身並沒有所謂的起點和終點。但假如我們用一段線條表示時間的任何一個段落，那麼這個線段上的任何一點，則都可以表示一定的時刻；而任意兩點間的距離以及這個線段本身，也都可以表示一定的時段（即時間長度）。

時間的自然單位有三種：日、月和年，這三種都是天體運行的一種週期。

地球不停地自西向東自轉，同時沿著橢圓形的軌道繞著太陽公轉。經由這兩個運動，在地球上的生命體可以觀察到晝夜交替和晝夜長短的變化，隨著太陽在地面上的直射點不斷由東向西移動，晝半球和夜半球在相互交替中，白天變成黑夜，黑夜又變成了白天。

地球自轉的結果，產生了天然的時間單位「日」。日是地球自轉一周的時間，比它更小的單位就是時、分和秒。而「日」—— 即「一天」—— 的時間有多長呢？雖然我們都知道一天是 24 小時，但實際上地球自轉一周到底需要多少時間呢？計算的方法主要可分為恆星日和太陽日兩種。

恆星日是某一恆星（或春分點）連續兩次經過同一條經線平面的時間間隔，也就是地球自轉的真正週期，其所需的時間是 23 個小時 56 分鐘又 4 秒。

但是，恆星日與人們的日常生活、晝夜變化的規律有一些落差。再加上與人類生活關係最密切的恆星是太陽，因此，人們最關心的時間其實是太陽日。

我們所說的一天 24 小時，是太陽連續兩次經過同一條經線平面的時間間隔，也叫做一個「真太陽日」。將一個真太陽日分成 24 等分，每一等分即為一個真太陽時（或稱視時）。由於地球在自轉的同時也在繞日公轉，因此一個太陽日，地球要轉的幅度為 360° 59'，比恆星日多出了 59'，也就導致了在時間上比恆星日多出了 56 秒鐘。

地球公轉的軌道為橢圓形，因此在公轉的過程中，地球與太陽的距離有時比較近，有時又比較遠；公轉的速度有時快一點，有時又慢一點。這樣下來，一天就有長有短了，有的「一天」超過了 24 小時，有的「一天」卻不到 24 小時，非常不方便，因此，人們便從一年中這些長短不等的太陽日中取一個平均數，稱為「平太陽日」（一般來說也會直接叫它「太陽日」）。一個太陽日的 24 分之一便為一個

「平太陽時」，向下再有每小時 60 分鐘、每分鐘 60 秒，也就是我們日常鐘錶所顯示的時間單位。

平太陽日和真太陽日兩次經過同一條經線平面的時間間隔是不同的，最多會差到整整 16 分鐘。一年之中，只有 4 天的時間間隔才一樣，因此，很早以前就有巴黎的鐘錶師傅曾在自己的招牌上寫道：「太陽所指示的時間是騙人的。」

地方時的多樣性

地球上某一地方的「地方時」是指這個地方子午圈（Meridian）與太陽所在赤經（Right Ascension）的夾角（一般會用時、分、秒來表示），而地方時又有以太陽時為依據的真地方時，和以平太陽時為依據的平地方時（或作地方平時）之分。

一般所謂的地方時，通常是指平地方時，意思就是地球上經度相同的各個地點，地方時都相同，反之則不同。由於地球自西向東旋轉，所以東邊都會先看到太陽，地方時較早，而西邊比較慢看到太陽，所以地方時也較晚。

每個經度不同的地點都有自己的地方時，而經度每相差 15°，地方時都會相差 1 小時；經度相差 15'，地方時則相差 1 分鐘；經度若是相差 15"，地方時就會相差 1 秒鐘（例如 A 地點位於東經 116° 19'，而 B 地點位於東經 117° 10'，兩地的經度差異為 51'，則 B 地點的地方時就會比 A 地點早 3 分 24 秒）。換言之，任何經度的微小差異，都會造成地方時的不同，因此也可以推論，世界上的地方恆星時、地方視時和地方平時，都是無限多的。

但是，正由於各地在地球上所處位置的不同，導致的不同地方時差異，在人類日益頻繁的互動與交流中帶來許多不便，而在交通迅速發展後，更是突顯出了其缺點，例如西元 1858 年 11 月 24 日，當英國多塞特郡法庭上的時針指在上午 10 點 06 分的時候，法官判決一名土地訴訟人敗訴，原因是他沒有在上午 10 點準時到庭，但 2 分鐘後，那個訴訟人到庭了，他主張按照他家鄉諾森伯蘭郡（Northumberland）火車站的時鐘，他是準點到達的，因此他要求法官重新判決。

另外又如西元 19 世紀時，光是美國紐約市的水牛城中央車站（Buffalo, NY Station）就有 3 個時鐘：一個是水牛城的當地時間、一個是紐約市的時間，還有一個是俄亥俄州哥倫布市的時間。由於定時上的混亂，結果造成了許多麻煩。

像上述這些由於時間不統一而引起的混亂，在不同地區經常發生，也造成了許多麻煩。因此到了西元 1880 年，英國國會才決定以格林威治的時間作為統一的標準時間。

格林威治標準時間的形成

自西元 17 世紀以來，航海事業蓬勃發展，許多擁有海利之便的國家為了更好地確定他們的船舶在海上的位置，紛紛建造天文臺。

西元 1675 年，英皇查爾斯二世（Charles II）決定在距離當時倫敦城東邊約 8 公里的泰晤士河南岸的格林威治公園建造皇家天文臺，也就是格林威治天文臺，當時，這個天文臺的主要任務是精確測量恆星的位置——30 年後，由天文臺官方公布了一部名為《英國天文志》的星表，其中便詳細記錄著天象資料。西元 1767 年，天文臺再出版了《英國航海曆書》，並於其中使用一種國際通用的時間——格林威治時間，也就是格林威治視時。

西元 1948 年，由於倫敦市區擁擠而多霧，天文臺搬遷到距離倫敦 100 多公里外的古城赫斯特蒙蘇（Herstmonceux）的一座小山上。當地以古堡為中心，新建造了 7 座圓頂觀測站和研究大樓，這些建築物裡面擺放有世界上最精確的計時儀器如原子鐘和直徑 249 公分的牛頓天文望遠鏡，以及許多較小型的望遠鏡和觀察設備，還有精密的天文儀器和電子計算機。除此之外，還有一座跟車庫差不多大的鋁屋作為天文照相機的鏡頭，遙對著星空，不停地拍攝星球經過時的相片，同時還能自動地記錄時間。

新的格林威治天文臺鐘，共有 200 多位天文學家和技術人員駐守，隨時進行觀測並計算精確的時間，再透過 6 個電子發聲器將資料傳送到英國國家廣播公司，向英國和全世界廣播。同時，由於新天文臺所在之精確位置為東經 0° 20'25"，與原地點時間相差 81 秒，為了彌補這個地理位置更動所造成的時差，他們在計算時間時也增加了 81 秒鐘。

不過，格林威治的天文學家也承認，因為天文學在計算時間上，會有不同的結果，即使是最精確的原子鐘也會有誤差產生，因此，目前的計時並不是絕對正確的，而在每年最後一天的午夜到來之前，天文臺的工程師有時還需要在格林威治時間上或加或減 1 秒來「修正」時間 —— 也就是所謂「閏秒」的概念。

曆法演變：世界公曆的淵源

目前世界所通用的「陽曆」最早起源於埃及。對古埃及人來說，一年之中最重要事件的莫過於尼羅河的泛濫——它不僅是埃及的經濟命脈，也深深影響了埃及的政治和社會制度——為了即時做好耕種的準備工作，確定河水氾濫的開始時間就格外重要。而河水氾濫的間隔，正好與一個太陽年基本相符，因此，埃及人就放棄了過去依靠月相來確定年月的做法，改而採用一年 365 天的曆法——但我們仍需了解，太陽年不是 365 天的整數，每年累積大約會產生共 1/4 天的誤差。

與古埃及相比，羅馬亦是古代一個強大的帝國，可是，它最早的曆法卻很混亂。古羅馬最初使用的曆法是太陰曆，即一年只有 10 個月，共 304 天，直到西元前 713 年受到古希臘的影響，才將「太陰曆」改為「羅馬曆」。這種古歷增加了 2 個月，其中 1、3、5、8 這四個月每月共有 31 天，而 2、4、6、7、9、10、11 這七個月每月則有 29 天，12 月則只有 27 天。整體而言，羅馬曆一年只有 354 天，比實際一整年的天數還要再少 11 天多，直到經過兩個多世紀後的西元前 509 年，羅馬政府才規定每隔 4 年要加進兩個閏月年來調整差數。然而，相較於農業活動，當時編製曆書的僧侶更加關心宗教和政治議題，經常隨心所欲地增減閏月，因此曆法反而一度陷入了更加混亂的局面。

再過了 400 多年，羅馬曆已落後於實際天象的太陽曆 80 幾天，因此春秋難分，冷熱顛倒。也難怪後世作家曾這樣諷刺地說：「羅馬人在戰場上常打勝仗，可是他們卻說不清是哪一天打了勝仗。」

西元前 45 年，羅馬的統治者尤利烏斯・凱撒（Julius Caesar）進行曆法研究，認為埃及使用的曆法簡明實用，於是下令根據埃及曆法對羅馬曆法進行改革，並在埃及天文學家索西琴尼（Sosigenes）的幫助下，把古羅馬曆變成了純粹的太陽曆，至西元前 46 年，凱撒頒行了新曆——儒略曆。

新的曆法規定，每年有 12 個月，共 365 天；同時每隔 3 年就安插一個「閏年」，把多加的一天放在原來的 12 月（即儒略曆的 2 月）後面。而冬至後的 10 天，則作為儒略曆的開始，也就是把原來羅馬曆中的 11 月 1 日改為 1 月 1 日——「元旦」，並把羅馬曆的月序順位往後推 2 個月。改革後的儒略曆，變成了以太陽為準的太陽曆，澈底結束過去曆法的混亂局面，也成為現今世界通用的「公曆」的最早雛形。

西元前 44 年，即儒略曆頒行後兩年，凱撒被刺殺而死，享年 58 歲。凱撒的義子，18 歲的屋大維趕回羅馬，登上了權力的寶座，忙於清理政權，鞏固統治地位。

但儒略曆實施不久，那些昏庸的僧侶便把曆法中規定的「每隔 3 年」理解成「每 3 年」閏年一次。當這個錯誤被發現時，已經經過了 36 年。也就是說在這 36 年中，本來應該只有 9 個閏年，實際上卻被計算成 12 個閏年了！

於是，羅馬的統治者屋大維進行了一次較大的曆法改革，決定從西元前 8 年到西元 4 年的 12 年中，不再安插閏年，這樣就正好可以扣除過去多出的 3 個閏日（即當年的 2 月 30 日），而從西元 8 年開始，再恢復每 4 年置閏年的作法。

屋大維恢復了儒略曆置閏的規定，也仿效凱撒的做法，下令把自己出生的 8 月份改稱為「奧古斯都」（Augustus）—— 凱撒的名字出現於 7 月份（其原名 Quintilis 在只有 10 個月的羅馬曆中為第五的意思）。在本來的儒略曆中，8 月是只有 30 天的小月，屋大維為了要顯示自己與凱撒一樣尊貴，於是將 8 月改為有 31 天的大月，再將 9 月、11 月從大月的地位降為小月，而 10 月、12 月升為大月。

但經過這麼一改，一年就多出了一天，於是他再從 2 月減去一天 —— 當時 2 月通常是處決犯人的月份，很不受大家的喜愛。從此之後，2 月份便只剩下 28 天，而閏年也只有 29 天了。

由於 2 月 29 日並不是每年都有，因此曾在世界上發生過不少有趣的事：比如那些在 2 月 29 日出生的人，要每隔 4 年才能慶祝一次自己的生日；又如 60 年代電子錶風行世界，當時的錶上還沒有被設置自動出現 2 月 29 日這一天，每碰到這天，錶上卻會顯示 3 月 1 日，只能把電池拔掉才能夠調整日期；再或者於歐洲，閏日被相傳成是向戀人求婚的好日子，因而這一天也成就了許多有情人的美滿姻緣。

儒略曆相較於其他古曆，是比較準確的曆法，經過幾百年的施行，也逐漸得到人們廣泛的認可。西元 325 年，尼西亞會議正式把儒略曆作為基督教世界的曆法，並以此為根據計算基督教節日的日期，規定春分日必須是 3 月 21 日。

然而，儒略曆還是無法與天文週期完全吻合，平均每年都會比太陽年多出約 12 分鐘，即每 128 年便會多出一天。到了西元 13 世紀，差額已經累積到 8 天之多，當時的天文學家曾向教會指出曆法需要改革，但這個改曆的問題卻使教會為難了整整 3 個世紀，直到西元 16 世紀，改曆方法才初露曙光 —— 義大利的醫生兼天文學家李利厄斯花了 10 年時間研究新曆，他在西元 1576 年將改革方案提交羅馬教廷，經過許多學者 —— 有天文學家、數學家，還有一些僧侶 —— 討論，終於獲得教宗葛利果十三世（Pope Gregory XIII）批准。

西元 1582 年 2 月 24 日，葛利果釋出改曆的命令：從西元 1582 年 10 月 15 日起，所有基督教徒必須使用新曆 —— 格里曆，也就是今天世界各國通行的「公曆」。

公曆是以一個「回歸年」作為單位的，一個回歸年共有 365 天 5 小時 48 分 46 秒。為了使用方便，就將 365 天定為一年，也就是「平年」。但是，回歸年比平年多了 5 小時 48 分 46 秒，累積了 4 年之後，就會有 23 小時 15 分 4 秒，約等於一天，所以每 4 年就會有一個閏日，這一天被放在 2 月份，成為第 29 天，而那一年總共就會有 366 天，叫做「閏年」。

但是，4 年之中所累積起來的時間，經過 4 年閏一天後，就多閏了 44 分 56 秒，等於在 400 年以後就會使歷年比回歸年的時間多出 3 天。因此，在 400 年中應少閏 3

次，相應的規定為：一個平年是 365 天，閏年是 366 天，只要西元紀年數能被 4 整除的就是閏年；而對於每個世紀的第一年，雖然可以被 4 整除，但不能被 400 整除的仍不作閏年 —— 例如西元 1600 ～ 2000 年間的 400 年中，西元 1700、1800、1900 年等，就不算閏年；而西元 1600、2000 年就是閏年。這樣一來，每 400 年中，本來應該有 100 個閏年，減少了 3 次，就變成 97 個閏年。用這種辦法補救以後，每隔 3000 年，還是會有一天之差，那麼，就只要在 3200 年中再減少一個閏年就行了。

而改曆時，在西元 1582 年扣除掉已經提前的 10 天，則把當年的 10 月 4 日（星期四）隔天（本應是 10 月 5 日）改為 10 月 15 日（星期五）。這樣一來，格里曆再次與太陽年相符，春分也再次回到了 3 月 21 日。

月亮與陰曆：天然的時間記錄者

除了根據太陽日而制定出的曆法，更早之前，曆法其實是根據月相變化制定的。月亮的陰晴圓缺是一種極明顯而準確的時間週期，而人們也很早就知道了月亮的圓缺變化的規律性。

地球在不停地自轉的同時，也在繞著太陽公轉，而地球和月亮又是一個在太陽系內的天體系統 —— 地月系，即月亮在繞著地球公轉的同時也在自轉。月亮繞地球公轉的軌道跟地球繞太陽公轉的軌道一樣都是橢圓形的，這個軌道在天球（Celestial Sphere）上的投影稱為「白道面」，白道面和黃道面相交的夾角是 5° 09'；而同時，月亮自轉的週期與公轉的週期相同，都是 27.3217 天，被稱為一個恆星月，也就是月亮兩次通過地球和一顆恆星連線之間的時間之隔。

可是，月亮不僅只是繞著地球運行，同時也伴隨著地球繞太陽運行的運動，從這一次滿月到下一次滿月或者由這一次新月到下一次新月，週期比恆星月稍長，為 29.5306 天，被稱為一個朔望月大約距今 5,000 多年以前，居住在兩河流域的撒瑪利亞人，根據月亮的運轉，創造了世界上最早的曆法。他們將一年分為 12 個月，每月 30 天，這種利用月亮圓缺來計算日期的曆法，被叫做「陰曆」或「太陰曆」。

可是，這種初始的「陰曆」有很大的誤差，不能跟月亮的運行同步，因此後來巴比倫人便把撒瑪利亞曆修改為每月 29 天和每月 30 天相互交替，使月份和月亮運行時間吻合。巴比倫天文學家更發現，每隔 19 年太陽和月亮的運行會出現相同的「相位關係」，即 19 年中最多會加 7 個閏月（每月 30 天），使曆法保持與太陽和月亮的運行同步。

雖然目前世界上的國家大多使用公曆，但過往使用過陰曆的國家有很多，而一些信奉伊斯蘭教的國家，至今仍在使用太陰曆，在當地，它又被稱為伊斯蘭曆、回曆等。

回曆的太陰年長度為 354 天，與 12 個朔望月實際長度的 354.367 日相差 8 小時 48 分 36 秒，如果不處理，3 年後它的新年將不再是「新月」了，為了解決這個問題，回曆在 30 個太陰年中，安排了 11 個 355 日的閏年，並且把閏年的 12 月由小月改為大月。

陰曆的優點是日期與月相相符，從新月、上弦月、凸月到滿月，再從滿月、下弦月、殘月到朔，只要看著月亮的陰晴圓缺變化，就可知道日期了。搭配海洋的潮漲潮退，人們知道了陰曆某一天的日期，就可以推算出潮汐來去的時間，發生在正午和子夜，後續潮水一天比一天小，而潮漲的時間則每隔一天便延遲40幾分鐘。這樣的知識，有利於沿海居民從事航海、漁業、防汛等工作。

而陰曆的缺點則是它偏愛了月亮，卻忽視了太陽，於是與季節變化不能相對應。回曆的平均太陰年是354.366日，比回歸年短10.8756日，大約每32個陽曆年期間，回曆便會多出一個陰曆年，因此，伊斯蘭教規定的節日如古爾邦節等，常常在公曆的不同月份或不同季節舉行。這樣的「太陰年」，只適用於宗教、民族活動中，卻沒法滿足農業生產的需求，因此，在太陰年以外，人們也用上了太陽曆。

農曆：獨特的陰陽曆體系

以七天為週期的記日制度，今天已經十分普遍：學校的教育計畫是按星期安排的、公司行號的輪休也以星期為序交叉，有些地方甚至連薪水、房租、稅收都常以星期為單位，它的重要性由此可見一斑。

但可能也有人會問，陰曆偏愛月亮，不管太陽，使日子與季節脫節，但陽曆又只顧及太陽，不管月亮，月份變得沒有意義，是否能夠有個兩全其美的辦法，讓一種曆法既配合了與季節的關係，又能使月初總發生在朔日呢？

這種能統籌兼顧的曆法科學家們稱為「陰陽曆」，中國曆代所使用的農曆，就是這種陰陽曆的最好代表之一。農曆又稱夏曆、中曆、舊曆，與季節大致相符，可以作為農業生產很好的參考依據。

農曆既要觀測太陽，又要觀測月亮，它的基礎是朔望月，一年的長度有較大的變化：一般的平年包括 12 個月，長 353 到 355 天，閏年則包含 13 個月（多一個閏月），可長達 383 或 384 天。這樣的目的是為了保證它的正月到三月為春季、四月到六月為夏季、七月到九月為秋季、十月到十二月為冬季。

農曆中的月大致就是朔望月的長度，所以小月為 29 天，大月為 30 天。為了保證每月的第一天（初一）必須是新月（朔日），加上朔望月的長度比 29.5 日還長一些，累積下來也會造成一些差異，所以大小月的安排並不固定，需要透過觀測及推算來確定，常常會出現連續兩個月為大月或小月的狀況，有時甚至會出現連續三四個月為大月的現象。例如西元 1981 ～ 1982 年，即辛酉年十一月、十二月和壬戌年一月，接連三個月都是 30 天的大月，甚至西元 1982 ～ 1983 年還出現過四個大月相連的罕見特例。

為了使農曆能成為農業生產的參考，必須讓月份能夠和季節相符，所以早在西元前 3 世紀秦朝的「顓頊曆」中，就已提出了「十九年七閏」的原則，這樣加進閏月後的平均曆年正好是 365.2502 天，與儒略曆的值大致相同，但比它早了將近兩個世紀。

正因為有了閏月的關係，使農曆的正月初一（春節），總是固定在冬季，最早為 1 月 23 日（如西元 1993 年、2012 年），最晚不會超過 2 月 20 日（如西元 1985 年、2004 年）—— 避免了回曆中有時在冬天過年，有時卻在夏天迎接新年的狀況。

曆法研究在中國古代天文學中占有極其重要的地位，且由來已久，足以與埃及、巴比倫媲美，歷史上曾出現過的曆法，在一定的時間內也都能夠相當準確地反映了月球、地球、太陽運動的規律。例如在西漢初期的「太初曆」，當時的天文學家已經知道了朔望月與恆星月的區別，制定出閏月新增的原則，並且還把金星、木星、水星、火星、土星這五顆行星的會合週期測算出來。

又如南北朝時期的天文學家間數學家祖沖之從觀測中發現了更合理的設閏法 —— 每 391 個農曆年中安插 144 個閏月，這樣一來，相當於一年的長度為 365.2428 天，與正確的回歸年只差 25 秒鐘；而他所編的《大明曆》，一個月的平均長度為 29.53059 天，與朔望月的長度甚至僅相差 1 秒鐘而已！

到了西元 1281 年，元代天文學家郭守敬，則利用他自製的儀器，透過長時間的觀測，編製了新的《授時曆》，其中所記錄的月長是 29.530593 日，與準確值只有 0.37 秒的差別；而一年的長度為 365.2425 天，與今日通用的公曆完全一樣！

二十四節氣的文化意義

24 節氣是傳統中國古代天文學和氣象學的特殊曆法概念，反映出地球上的四季變化、天氣冷暖、降水狀況、動植物徵兆等自然現象。

有些節氣的來由還與一些動人的故事有關。例如清明節：晉文公重耳幼年時歷盡了艱難，為逃避後母的殘害，他在外流亡了整整 19 年，幾度陷入絕境，有一次絕糧時，有個跟他一起流亡的大臣介子推，忍痛從自己大腿上割下一大塊肉來讓重耳充飢，從而度過了難關。可後來重耳回國成為國君，在分賞有功之臣時，卻偏偏把「割股奉君」的介子推遺忘了！

介子推沒有爭論自己是不是受到不公平的待遇，而是一聲不響地帶著母親離開京城，跑到今山西省境內的綿上山中隱居。不久，晉文公想起了介子推之功，但卻不知他的蹤影，他大為懊悔，連聲嘆道：「此乃寡人之過也。」經過幾個月的查訪才得知介子推的下落，於是晉文公親自跑到了綿上山。

然而綿上山山高林密，介子推也一直不肯出山，晉文公找了很久仍然沒有頭緒。正在他為難之際，有人出了個餿主意，說如果主公放火燒山，一向孝順母親的介子推一定會為母親安全而出來——於是，一場大火遍山燒起，但整整三天三夜，這母子倆也沒有出來。後來，他們才發現母子倆抱成一團，已被燒死於一棵大柳樹下！

晉文公後悔不已，悲痛萬分，為了紀念這位有功之臣，他把綿上山改名為「介山」，並下令一個月內（後改為三天）不得舉火為炊，所有人都只能吃冷的食物。所以，後世又稱舉火那天（農曆三月初五）為「寒食節」，後來再逐漸演變為清明節，成為二十四節氣之一。直到今天，清明節仍是我們祭祖掃墓、懷念祖先的重要傳統節日。

有首節氣歌，概括了 24 節氣的名稱和日期，便於人們記憶：「春雨驚春清谷天，夏滿芒夏暑相連；秋處露秋寒霜降，冬雪雪冬小大寒。」每月兩節日期間，最多相差一兩天，上半年是六、二十一，下半年是八、二十三。

春是四季之首，《公羊傳》有云：「春者何，歲之始也。」「立春一日，百草回芽。」立是見，也是建始的意思；春是蠢動，是萬物開始有生氣的意思。

立春的時候，春風吹拂，雨水逐漸增多。「春雨貴如油」，春始風木，然生木者必水，雨水有利於農業生產。

驚蟄，即春雷響動，驚動蟄居地下的蛇蟲鼠蟻，由此開始進入春耕繁忙季節。

春分，「陰陽相半也，故晝夜均而冷熱平」。這時候，越冬作物進入春季生長階段，還有「春分麥起身，一刻值千金。」的說法。

清明，是明潔的意思。草木萌發，改變了不久前冬季寒冷枯草的景象，也正值作物播種、出苗的季節。

春去夏來，「夏，假也，寬解萬物，健生長也。」說明這個季節氣溫升高，促使萬物生長發育。

立夏，夏意盎然，南方開始有櫻桃、枇杷、梅子應市，正是「立夏三朝遍地鋤」。

小滿，「物長至鋤，皆盈滿也。」說明麥子等結出累累豐滿的果實，開始進入了夏收夏種季。

芒種，正是種植有芒之穀的時候，麥子、油菜成熟，開始收割，接著又要忙著播種插秧，農事繁忙。

夏至，至是極的意思，是太陽光直射北半球的終極，也是一年當中白晝最長、黑夜最短的時候。這時農作物生長旺盛，雜草、病蟲害也相繼滋長蔓延，需要強化田間管理，正是「夏至棉田草，勝如毒蛇咬。」

小暑，暑，就是熱的意思。此時的天氣雖熱，卻還沒到極點。

大暑，就是一年中最熱的節氣了。所謂「熱在三伏」，這個三伏就是指陽曆 7 月中旬到 8 月中旬這段時間，而大暑正值中伏前後，也是喜溫作物如水稻、玉米生長速度最快的時期。

夏盡秋來，古書說：「秋，成也，萬物成就也。」也就是春天播種的作物，快要收穫了。

立秋，時令進入秋季，氣溫開始下降，人們經過辛苦的春種夏耘，豐收在望了。

處暑，「處」字是休止的意思，這時候暑熱逐漸隱退或休止，氣溫逐漸下降，作物開始由綠逐漸變黃。

白露，天氣開始轉涼，低空的水氣在草地上凝結成亮晶晶的露珠。

秋分，此時「陰陽適中，當秋之半也。」又是晝夜相等的時節，呈現出一片金秋景象。

寒露，露白而後寒，天氣變得更涼，露水也更冷了。此時期的農事進入到秋收秋種的階段。

霜降，「氣肅而凝，露結為霜矣。」霜降前後，北方開始會有初霜，而南方地區則忙於秋收、秋種。

冬天來了，冬是四季之末。「冬，終也，萬物收藏也。」

立冬，時令進入冬季，天氣更冷。有些更北的地區開始結冰，昆蟲蟄伏地下，各地也陸續發展農田水利基本建設。

小雪，「氣寒而將雪矣。」這時候，有些地區的天空會開始飄雪，樹木凋零，景物蕭索。

大雪，雨雪紛飛，大地銀裝素裹，也有「瑞雪兆豐年」的涵義。

冬至，太陽直射南回歸線，是北半球夜最長，晝最短的時候。「數九嚴寒」說的是由冬至這天起算，每「九」為 9 天，從「一九」到「九九」，共有 81 天都會非常寒冷的意思。

小寒，天氣驟冷，但還沒冷到極點，小寒正值「三九」，常有低溫天氣出現。

大寒，冷到極點，基本上就是一年之中最冷的時期了。

生肖與干支：時間的華夏印記

傳統華夏的古代曆法中除了24節氣以外，還會以「干支」來記年、記月、記日和計時。但什麼是「干支」呢？干支是樹幹和樹枝的意思，是古人用來表示次序的符號，也是天干和地支的合稱。

「天干」共有10個數序：甲、乙、丙、丁、戊、己、庚、辛、壬、癸；「地支」有12個數序：子、丑、寅、卯、辰、巳、午、未、申、酉、戌、亥。

天干、地支相互搭配，多被用來記年，如甲子、乙丑、丙寅、丁卯等，甲和子分別位於干、支的首位，從甲子一直到癸亥，可以組成60個干支，成為一個回圈
也被稱作是1個「花甲子」。我們有時會聽到「60花甲子」、「年逾花甲」等的說法，意思就是年齡超越了60歲。

而每一個甲子終了以後，另一個甲子又重新開始計算。有首古詩說，「山僧不解數甲子，一葉落知天下秋。」或是我們在史書上會看到甲午戰爭、戊戌變法、辛亥革命等，都是屬於干支紀年的實際應用。

天干地支曾被廣泛應用於古代華夏地區，除了記年以

外，也被用來記日、計時。相傳這種干支紀日法被創建於黃帝時代——據記載，這種記日方法已有2,600多年的歷史了，而且從來未中斷過，可說是世界上最長的一種系統紀日法。例如西元1988年元旦是乙卯日，之後每隔60天（3月1日、4月30日、6月29日、8月29日等）都是乙卯日；而1月2日是丙辰日，之後每隔60天（3月2日、5月1日、6月30日等）都會是丙辰日。同樣的道理，如果我們知道西元1987年元旦為庚戌日，那麼也可以反過來向前推算。

又例如12地支用來計時，即將一日分為12個時辰，一辰等於2小時，子時為晚上11點到第二天凌晨1點整，而丑時就是接下來的凌晨1點到凌晨3點等。

除此之外，古人還把12種與人類關係較為密切的動物與干支紀年系統互相搭配，讓每一年都對應到一種動物，如子（鼠）、丑（牛）、寅（虎）、卯（兔）、辰（龍）、巳（蛇）、午（馬）、未（羊）、申（猴）、酉（雞）、戌（狗）、亥（豬），再由記年推算為人的生肖，即12生肖，也就是我們所熟知的子年生的人屬鼠、丑年生的人屬牛等。

西方月份：名稱背後的故事

前面提到，公曆一年有 12 個月，這 12 個月的英文名稱的由來，反映了許多有趣的事。

1 月 (Januey)，是由拉丁語 Januarrus 演變而來的，是為了紀念古羅馬人崇拜的守護神雅努斯 (Janus)。據說，雅努斯天生有兩張臉，前面的臉展望未來，腦後的臉則回顧過去，帶有除舊迎新的意思。

2 月 (February)，由拉丁語 Februarius 演變而來。古羅馬有個節日叫菲勃盧姆節 (Februum)，在這個節日裡，人們常常想起自己在過去一年裡的罪過而懺悔，並祈禱將來，使自己的「靈魂」變得潔淨。另外還有一種說法，是古羅馬在 2 月中旬會舉行宗教儀式來「醫治」那些無法生育的女子 —— 因為當時的人口成長率很低。這個儀式會在臺伯河畔的山洞裡舉行，儀式中會先殺死用來獻祭的山羊，並割下山羊皮交給兩位擔任主角的青年，讓他們手執一種叫 februa 的皮鞭在村子裡奔跑，抽打他們碰到的無法生育的女子 —— 據說這樣可「醫治」不孕症。

3 月 (March) 由拉丁語 Marfius 轉變而來。3 月本來是古羅馬曆法的 1 月，後來凱撒頒布新制後，為了對戰神瑪爾斯（Mars）表示崇敬，變把它改為 3 月。

4 月（April）由拉丁語 Aprilis 演變而來，古羅馬的 4 月是鮮花初放的季節，拉丁語中這個詞的意思就是「開花」，也是「大地春回，永珍更新」的意思。

5 月（May）是百鳥齊鳴，鮮花怒放的季節，來源於羅馬神話中的女神 Maia，她是掌管春天和生命的神，也是希臘神話中的信使 Hermes 的母親。

6 月（June）即羅馬神話中的女神朱諾（Juno），是眾女神之王，羅馬人非常崇拜和信任他，於是稱 6 月為朱諾之月。

7 月（July），這個名稱的來源說法有兩種：一是凱撒直接在自己的誕生月 7 月中藏入自己的名字 Julius；另一則是在凱撒死後不久，元老院議員為了紀念他，就用他的名字命名他出生的那個月份。而英文的名稱亦是由此演變而成的。

8 月（August）在前面的章節有提到，是古羅馬的另一個統治者奧古斯都（Augustus）為了展現與凱撒同樣的地位，而將自己的名字加進月份之中，並把原來是小月的 8 月改為大月。

9 月（September）是由於最早是 10 個月的羅馬曆法中，7、8、9、10 這幾個月都按次序命名，其中拉丁語的 7 叫作 septem、第 8 叫作 octo、第 9 是 norem、第 10 則為 decem，凱撒改曆時，便把它們依次往後移了 2 個月，於是本來的 7 月就變成了 9 月。

10 月（October）、11 月（November）、12 月（December）都是基於上述改曆的原因，而成為我們現在所熟知的各月份的英文名稱。

星期與禮拜：時間的社會節奏

有些人常問：「今天是禮拜幾？」這個問句中所提及的「禮拜」，對於提問者和被提問者來說意思都很明確，就是在問「今天是星期幾？」的意思，然而，如果我們深究「禮拜」和「星期」這兩個詞彙的定義，其實會發現它們所指涉的是兩個不同的概念。

「禮拜」來源於基督教的規定，西元 1 世紀時，新創立的基督教繼承了猶太教的《聖經》，並對其中某些傳統教義（包括星期制）稍稍作了修改 —— 猶太教中的「安息日」原先是星期六，但基督教教義認為耶穌死後三天再度復活之時為星期天，所以把安息日改為一個星期的第一天，即星期天，並稱之為「主日」，規定教徒於主日當天應該去教堂去參拜，或叫做禮拜，所以做禮拜的日子理所當然地就成為了「禮拜天」。西元 321 年 3 月 7 日，羅馬皇帝君士坦丁大帝宣布，所有地方官員、市民和工匠，在「尊敬的太陽日」應該停止工作和勞動，去教堂「做禮拜」，由此可見，「禮拜」實際上是個宗教名詞。

但是反觀「星期」，卻是一個與曆法有關的概念，它是一種介於月和日之間的時間單位。在古代，由於生產力十分低下，人們所獲不多，所以每隔幾天就得舉辦「市集」進行交換，但是每隔幾天比較適合呢？一個月的時間太長了，如果除去看不到月亮的新月的這一天的話，其他 28 個可看見月亮的日子可以被平均分為 4 份，每份正好是 7 天。根據考古資料，早在西元前 20 世紀，特別關注月亮的古巴比倫人就已經開始把一個「朔望月」用 1 日、7 日、14 日、21 日分為四個部分，並按此舉行市集，進行貿易，可以推測或許是「星期」這一詞彙最早的起源。

羅馬帝國最早把「星期天」與天體連結起來的原因，在於他們當時誤以為天體從遠至近的順序是土、木、火、日、金、水、月，從而依此編出了一套星期的順序，後來又改為土（星期天）、日（星期一）、月（星期二）、火（星期三）、水（星期四）、木（星期五）、金（星期六）。直到西元 321 年，君士坦丁大帝才把順序改為日、月、火、水、木、金、土，並把「星期制」正式固定下來。現在在一些東方國家（如日本、韓國）仍保持著日曜日（星期天）、月曜日（星期一）、火曜日（星期二）、水曜日（星期三）、木曜日（星期四）、金曜日（星期五）、土曜日（星期六）的名稱。

探索未來：明日世界的曆法

長期以來，科學家一直在追求更加完美的曆法。一部好的曆法，基本上應該要能夠反映天體及天象規律，以及四季變化，以便為人類生活提供更好的服務；同時，它還必須簡單易記、有通用性，才能被多數的國家和地區所接受。

西元1834年，有個義大利人曾建議將每年改為364天，正好分成52個星期，而第365天則為「空日」，沒有所屬月份與星期，如遇閏年，則在6月底再加一個「空日」。後來有位法國天文學家也提出了類似的方案，並獲得法國天文學會的獎賞。

西元20世紀後，各式各樣的新曆法方案多達幾十個。西元1910年，英國倫敦召開了一次國際改曆會議，並於會後成立國際改曆委員會，負責收集、稽核及公布各種新曆提案。從西元1954年7月被提交給聯合國相關組織的新曆法來看，大部分的提案都保留了格里曆（公曆）的框架，包括置閏的原則，只是在日期及月份的安排上有所不同，目前世界公認有可能採取的方案有兩種：一種叫「十二月世界曆」，另一種是「十三月世界曆」。

前者將每年分成四季，每季共包含三個月，都為 91 天。其中，每季的第一個月（即 1、4、7、10 月）為長 31 天的大月，其餘 8 個月都是 30 天的小月；最後，全年共 364 天，第 365 天則作為「年終國際日」，被置於 12 月 30 日之後，不編月、日和星期。如遇閏年，則在 6 月 30 日與 7 月 1 日之間加進一個「假日」，與「年終國際日」一樣不編月、日和星期。

這樣的曆法與星期很好配合：每季的第一天為星期天，最後一天為星期六，而 2、5、8、11 月的第一天是星期三，最後一天為星期四；3、6、9、12 月的第一天為星期五，最後一天則為星期六。所以一年的日曆只需三張即可——1、4、7、10 月為一張；2、5、8、11 月為第二張；第三張則包括 3、6、9、12 月。

「十三月世界曆」的特殊之處在於它將一年分為 13 個月，每月 28 天，分成四個星期，即全年共有 52 個星期。與「十二月世界曆」一樣，全年共有 364 天，第 365 天在第十三個月的最後一天；逢閏年把閏日加於 6 月最後一天。這兩天也都一樣不計月、日及星期。另外，為了提高曆法的準確性，如果是 128 整數倍的年份會被當作平年，其他能被 4 整除的年份則為閏年（不管是不是世紀年）。

「十三月世界曆」有一個明顯的優點，就是它每個月都一樣長，所以每個月都從星期天開始，在星期六結束。這樣一來每個月的休息日、工作日都相同，一張日曆即可包括全年所有的月份。

雖然十三月曆顯然比十二月曆更整齊一點，星期也不會跨月，但無論是十三月曆還是十二月曆，目前的接受度都還不高，主要是受到擁有廣大信徒的宗教團體——尤其是猶太教和基督教——的反對，因為《聖經》有規定：「第七日，爾等不得做任何工作。」，而這兩種曆法都有「空日」，會打破「星期」的順序。

不僅如此，一般人可能也不太能夠適應「空日」的規定，可能新曆法中的那一兩天會產生許多新的問題。因此這些新的「世界曆」將來是否能被大家接受，目前下結論還為時尚早。

時間測量：從古至今

時間觀念的形成與演變

時間是我們親密的伴侶，任何人都離不開它，但是時間似乎又是看不見摸不著的怪物。其實，時間與空間一樣，都是物質存在的一種形式，宇宙萬物都在時間的長河中發生、發展與變化。時間是無窮盡的，沒有開頭、也沒有結尾；但它又是連續的，任何萬能的刀子都不能把時間切斷或分開。

瞬間與持續：「時刻」與「時間間隔」

通常我們所說的時間包含有「時刻」與「時間間隔」兩種意思：「時刻」是指某事件發生的瞬間（例如火車在 8 點 5 分發車），「時間間隔」則是指某一事件持續的長度（例如電影播了 1 個半小時）。簡單來說，時刻是表示什麼時候，時間間隔則是表示時間有多長。

計時方法的演變

遠古時代的人類，知道太陽出來就是白天，太陽下山了就是黑夜；白天與黑夜循環不已，因此產生了「日」的觀念，從此之後人類依照「日出而作，日落而息」的規則安排生活。

後來，人類覺得「日」這個時間長度太長，就將一日再往下分。在古代華夏，分法為 12 個時辰，即用子、丑、寅、卯、辰、巳、午、未、申、酉、戌、亥 12 個字來表示，並規定半夜時為子時（子時也成為一日的開始）、太陽最高時為正午。這種方法起源於西漢中期，唐代以後又將每個時辰劃分為初、正兩部分，實際上已與現代的 24 小時相似了。

而目前全世界通用的計時單位是從古埃及開始的一天 24 小時。古埃及人將日出到日落的白天定為 10 個小時，晚上為 12 個小時，另外還有「微明時」，包括 1 小時黎明與 1 小時黃昏，總共 24 個小時。但是這種記法的每小時長度是不一樣的，尤其是冬天白天較短，夏天白天較長，而且冬天的「微明時」也比夏天短一點，因此這種劃分法在使用上是很不方便的。後來，埃及人就去掉「微明時」，將1天平均劃分為24個小時，每小時又分為60分鐘，每分鐘再分為60秒鐘，為60進位制，而秒之後的小數則是10進位制，成為人們計時的基本單位。

如果有人問：一秒究竟有多長呢？我們只能說，1秒大約是1日的1/86,400。為什麼是大約呢？因為這個「日」並不是「平太陽日」，這是怎麼回事呢？

天空座標：天文時間的測量

為了表示黃道在天空的位置，我們需要引用「天球」的概念。

雖然觀測者的眼睛才是天球的球心，但我們通常以地心作為天球的中心。天球的半徑是無窮大的（作圖時通常會假設它為一個單位），基本上我們會將地球的自轉軸無限延長到與天球相交，這兩個相交的點叫做北天極與南天極；而地球赤道平面無限擴大與天球相交的大圓圈，則叫做天球赤道。

有了這個假想的天球，如果我們再將太陽周年（視）運動的路線畫上去，就是黃道（圖中的kk'）。不難看出，黃道與赤道有一個23.5°的交角，又叫黃赤交角，正是由於這個黃赤交角，人類的計時工作便碰到了一些困難。在後面的章節我們將詳述。

時間再測量

從古代起，人們就以太陽高度最高的時刻作為正午。太陽從正午開始向西移動，下山後，經過 1 個黑夜，又從東方升起來，再到正午，這樣 1 圈所經過的時間間隔，就叫做 1 個真太陽日。真太陽日分為 24 小時，就是真太陽時 —— 古時候用日晷記錄的時間，就是真太陽時。

後來人們發現，1 年內真太陽日的長度逐日不同，最長與最短時可相差到 51 秒，原因就在於前面所說的太陽視運動不等速以及黃赤交角的影響。我們計時是以地球自轉為標準的，也可以說是以天球赤道為標準的，可是太陽是在黃道上運動，即使太陽視運動是等速的，但它們在赤道上的投影也是不均勻的，也就是我們前面所提即的黃赤交角的存在，增加了計時複雜性的原因。既然真太陽有時走得快有時走得慢，我們就很難製做出一個可以跟著太陽的速度時快時慢的鐘錶。所以，西元 1820 年法國科學院會議決定，將 1 年內各個真太陽日的平均值，作為 1 個「平均太陽日」或「平太陽日」，而這個以平太陽日來定的時間就叫做「平太陽時」或「平時」，目前鐘錶上的時間都是按平太陽時來計算的。

為了測量時間，人們設想天上有 1 個「平太陽」在天球赤道上走，並且每天走的速度都一樣，就是 1 年走完 1 圈，這樣一來，平太陽時也可以跟真太陽時一樣來定義了。比如，當平太陽在南方最高位置時是正午，而平太陽由正午到下一次正午所經歷的時間間隔就是 1 個平太陽日，1 個平太陽日分為 24 個小時，1 小時分為 60 分，1 分再分為 60 秒，一秒的長度就是平太陽日的 1/86,400。

1 個回歸年長度為 365 日 5 時 48 分 46 秒，或是 365.2422 平太陽日。雖然我們習慣上會省去「平太陽」，直接說是 365.2422 日，但我們還是應該理解，這個「日」指的就是平太陽日。

上面講過，真太陽在黃道上 1 年走 1 圈，平太陽在赤道上也是 1 年走 1 圈；但真太陽的運動並不等速，平太陽運動的運動卻是等速的。所以在任何一天，平太陽與真太陽並不會在同一個方向上，也就是平太陽的正午並不一定等於真太陽的正午，換言之，真太陽時與平太陽時並不一致，這個差別就叫做「時差」，而時差用公式來表示就是：

真太陽時－平太陽時＝時差。

或：

視時－平時＝時差。

時差的數值已經被按照天體力學的方法事先計算出來了，1 年當中，每天的時差都是不相同的，最大的時差可達 16 分鐘，最小的則是零。1 年當中時差有 4 次為零，大約會出現在 4 月 15 日、6 月 14 日、9 月 1 日、12 月 24 日；另外，每年同一天的時差值也並不完全相同，會有微小的變化。

如果我們用經緯儀或其他儀器觀測太陽，定出真太陽時，然後查出時差值，就可以知道當時的平太陽時了。

從世界時到各區標準時間

大家都知道，各地在地球上的位置是用經度和緯度來表示的。緯度是當地與赤道的距離（以度數表示），經度則是以透過英國倫敦附近的格林威治天文臺的經線（也叫作本初子午線）為起點，向東或向西計算，在格林威治以東的為東經，以西的為西經。

地球 1 圈的經度為 360°，地球轉 1 圈為 24 小時，所以經度與時間有對應關係：經度 15°就是 1 小時、1°就是 4 分鐘。

但上面所講的時間的計算方式，是以當地的正午為準的，這就產生了一個問題，即經度不同的各個地方都有自己的正午時間，也就是說各地的時刻會不一樣。比如 A 地點位於東經 120°經線上，B 地點位於東經 112.5°經線上，則 A 地點正午時，在 B 地點看見的太陽還在偏東的地方，不到正午，由於這兩地的經度相差 7.5°，在時間上就差了 30 分鐘。

在古代交通不發達、來往不多的情況下，可能還不會造成什麼問題。但到了近代，隨著交通發達，各地交流比較多，如果每到另外一個地點都要根據當地時間調整自己的鐘錶，顯然是很不方便的。因此，大約從西元 18 世紀開始，各國開始都使用自己首都的時間作為全國統一的時間；但是，若每個國家都用自己的時間，在國際往來比較多的時候，也還是相當不方便。因此，西元 1878 年加拿大的一位鐵路工程師弗列明提出用「分割槽計時」的辦法來解決這個問題，並於西元 1884 年的華盛頓國際會議通過這個辦法。

分割槽計時法是把地球按經度分為 24 個時區，每個時區涵蓋經度 15°的範圍，然後，每時區以該區中間的經線上的時間作為標準，稱為該區的「標準時間」。經度 0°所在的時區叫作「零時區」(UTC ＋ 0:00)，它包括東經 7.5°以西、西經 7.5°以東的地區，零時區的時間叫又叫做「格林威治時間」，或通稱「世界時」(Universal Time，簡稱 UT)。英國、法國、西班牙、阿爾及利亞、摩洛哥等都位在零時區，所用標準時間即世界時。

零時區東邊的東 1 區，為從東經 7.5°到 22.5°的範圍，其中央經線為 15°，這個時區的標準時間比世界時早 1 小時；再往東是東 2 區，其標準時間比世界時早 2 小時，以此類推，共有 12 個時區。同樣地，在零時區西邊的第 1 區是西 1 區，時間比世界時晚 1 小時，再過去則是西 2 區、西 3 區等，也有 12 個時區。東 12 區與西 12 區是屬於同一個時區，因此，全球共分成 24 個時區，有 24 個標準時間。

但實際上，時區很少按經線整整齊齊地劃分，而是按自然地理界線和行政區域劃分的，所以時區的邊界往往是彎彎曲曲的。

人類歷史的軌跡：曆法的發展

沒有曆法的時代，那掛在牆上、一天撕下一張的日曆，或是印著漂亮圖畫的月曆，還有擺在桌子上的桌曆等，在我們的日常生活中看起來是如此普通與平凡。

但這些紙片 —— 日曆，卻是人類從茹毛飲血的蒙昧時期開始不斷與大自然搏鬥的過程中探索和總結出來的科學產物，是來之不易的。

結繩記日刻木相會

在遠古時代，人們過著原始群居的漁獵游牧式生活，他們在與大自然搏鬥的過程中，逐漸認知自然界裡各種現象的運作規律 —— 從太陽的東升西落和月亮的陰晴圓缺，逐漸了解了日月；而從植物的發芽、生長和枯萎，以及冷熱的變換了解了年的概念。

在沒有曆法的時代，人們是怎樣計算日子的呢？比如一個人要出門，需要多少天才能到另外一個地方？古人想出了一種「結繩記日」的方法 —— 當他出門的時候，在腰上繫了一條繩子。走一天的路就打一個結，到了目的地以後一數就知道經過了多少天。

再如兩個人約好 5 天以後再見，於是他們就在一片小木片或竹片上刻 5 條痕跡，然後把它剖開，每人各拿一半。每過一天，兩個人都削去一條痕跡，當木片或竹片的痕跡被削完了，也就到了約定的時間了 —— 這就叫做「刻木相會」。

但是，如果要記錄較長的日期該怎麼辦呢？這種時候，人們會觀察月亮，每看見 1 次月圓，就放 1 顆小石頭到竹筒裡面，等集滿 12 顆小石頭，再把它們換成一顆大石頭，就表示經過了 1 年。

觀天授時

動植物的變化與自然環境的變遷一次又一次重複地印入人們的腦海，天象的循環同樣留給人們深刻的印象，於是，它們之間的相依關係便逐漸被人類所了解，而人類也開始會透過觀察日月星辰的運行與變化，來預測一年中不同季節的到來。

如果你的房子大門朝南，那麼每天中午只要去觀察太陽的影子，直到「夏至」這一天，太陽只能照到門檻上。因為夏天時太陽直射北半球、影子很短；夏至之後，太陽慢慢地變成斜射，到了中秋節前後，太陽能夠照進半間房子；再之後太陽更斜了，到了冬至，太陽甚至可以一直晒到房子北面的牆壁；等過了冬至，太陽光又慢慢地從房子裡退出來。根據這個循環 —— 即太陽光投射出來的影子長短，我們就大致可以定出一年的季節。

觀察星星也是人們區分季節的一種方法。如果我們選定一顆恆星（如織女星），在 5 月前後看它於黃昏時從東方的地平線上升起，第二天我們會發現它比前一天提早出現了——雖然只提早了一點點，剛開始甚至可能感覺不出來，但是時間一久，我們還是可以明顯地感覺到織女星比之前更早出現。到了秋天，如果我們在傍晚的時候再去觀察織女星，就會發現它已經升到天頂了。

距今 4,000 多年前的夏代，當時的人群已經開始認真觀察北斗七星——這是由七顆恆星組成、形狀像一個勺子的星座。他們發現，如果每隔一個月，在傍晚時分畫下這個「勺子」在天上的位置，就會發現它在天上繞著天球北極轉圈。古書《鶡冠子》上說：「斗柄東指，天下皆春；斗柄南指，天下皆夏；斗柄西指，天下皆秋；斗柄北指，天下皆冬。」可以作為古代人們透過觀察星象來判斷季節的證據，而這種觀察北斗七星的旋轉以判斷季節的方法在古代中國的曆法文獻《夏小正》中也有描述。

在沒有曆法的時代，這種根據觀察天象變化來判斷四季的行為，叫做「觀象授時」。

七月流火九月授衣

《詩經》——這部最古老的民間詩歌總集，創作於西元前 11 世紀到西元前 6 世紀之間，反映出那個時代人們的思想感情、生活風貌和對自然現象的認知。「七月流火、九月授衣」便是《詩經》中的一篇。

「火」是指天上的「大火」星——也就是心宿二、天蠍座α星。早在殷代，當時的人群就已學會了觀察它的出沒來決定農時季節，還專門設了兩個叫做「火正」的官職，來負責這項工作。殷代雖然已經有了粗疏的曆法，但根據「大火」星的出沒決定農時的傳統還繼續傳下來。據現代天文學理論來推算，約在距今4,000年之前的雨水節氣時，當太陽剛從西方地平線落下，「大火」星就會從東方地平線上升起，人們看到這種天象就得準備春耕播種，以期這一年會有好的收成；而當盛夏已過，處暑節氣來到時，太陽剛從西方落下，「大火」星也很快會向西方流去，不久天氣就要轉涼，得準備冬衣了。《詩經．豳風》中所描寫的「七月流火，九月授衣」正是這一情景。

這種根據「大火」星在傍晚時分的位置與季節之間的關係，可以排出一個簡單的次序表，而人們根據這個表就能預知季節的變化，並進行相關的農事安排，具有類似曆法的性質。

月離於畢俾滂沱矣

在沒有曆法的日子裡，人們總是想從各種途徑得到暗示，比如冬季的大風雪何時會襲擊他們，必須事先得知以準備好燃料，及時找到庇護所；夏天的狂風暴雨會奪去他們辛苦獲得的收成，最好事前找到徵兆；連綿的秋雨會使他們無法採集果實，應在陰雨到來之前儘量多摘些回來——這些都與他們的生活息息相關。在付出了巨大的代價和犧牲以後，原始人群終於在與大自然的搏鬥中，總結出一些規律，來幫助自己躲過難關。

「月離於畢，俾滂沱矣。」的典故來自於西周初年，東征的戰士們經年累月奔波於荒郊野外，他們在滂沱大雨中行軍，適逢滿月剛剛經過畢宿不久，此時太陽正位於畢宿的對面，即心宿附近，因此，「月離於畢，雨滂沱」正是那個時代秋雨來到的寫照。

而「月離於箕，風揚沙」則是古人總結出來的另一條經驗規律，也就是當滿月位於箕宿時，春天的大風揚起塵土，顯示天氣轉暖，萬物復新。

大自然不斷變換著臉色，帶給人類無窮的財富，也帶給人類不測的災難。古人為了求得自己的生存和發展，不斷地嘗試認知與征服它，並把他們所得到的知識傳授給下一代，累代相繼，人們在度過了漫長的沒有曆法的時代之後，便逐漸累積了有關年、月、日的知識，而這些正是曆法得以產生的基礎。

什麼是曆法

推算年、月、日的時間長度和它們之間的關係，制定時間順序的法則就叫曆法。

早在古代，人們就已經透過對日月星辰的長期觀測，逐漸了解並掌握了月亮、太陽和星星的運行規律：由晝夜交替的現象，形成了「日」的概念；根據月相變化及月亮運動週期，形成了「月」的概念；再從四季交替循環的現象中，形成了「年」的概念。而經過歷史的發展，世界各國曆代制定的曆法，則因當地風俗習慣與重視的部分不同，而採取不同的規則，的我們大致上可以把它們分為 3 種：第一種是陽曆，其中年的日數依據天象，平均約等於回歸年，月的日數和年的月數則由人為規定，如公曆、儒略曆等；第二種是參考月亮運行而生的陰曆，其中月的日數依據天象，平均約等於朔望月，年的月數則由人為規定，如伊斯蘭教曆、希臘曆等；還有一種是陰陽曆，其中年、月的日數都依據天象，月的日數平均約等於朔望月，年的日數平均約等於回歸年，如東方社會中很常被拿來作為農事判斷與民俗用途的農曆。

此外，曆法的內容還包含了確定年初、月初、節氣，以及比年更長的時間單位等。

公曆的紀元

時間沒有開始、也不會結束，那麼，當人類要計算時間長度的話，間隔應該從哪裡開始算呢？這就需要在時間的某一點上作一個人為的標記 —— 就像在座標軸上選取原點一樣，才能進一步去推算各個歷史事件的準確時間。這個味時間做標記的行為，就是我們所說的「曆元」，也就是開始紀年的時間。

在古代，每一種曆法都有它自己的曆元，每一個國家也都有自己的曆元和紀年方法，可說都是人為且武斷的。有的是根據具體的歷史事件選取曆元，比如古羅馬曾以羅馬城建立的時間作為紀元元年；信奉回教的阿訇們曾經以「象年」來紀年 ——「象年」的由來是葉門的軍隊進攻麥加之時，在軍隊裡有許多戰象；另外，還有的是以皇帝登基的日子作為曆元，如中國明太祖朱元璋的年號是「洪武」，他登基那年就是洪武元年。

由上可知，古代的曆元是相當混亂的，如果要了解某一古老民族的歷史事件，需要歷史學家考證，並與我們現行的西元紀年進行正確的推算才可得知。

那麼，現在所通行的公曆的曆元是怎麼產生的呢？其實也同樣是人為且武斷的，還帶有宗教色彩。西元 532 年，羅馬教皇宣布將基督誕生的那一年定為西元元年 —— 所以我們可以知道，西元的紀年方法並不是從凱撒下令修改日曆時開始的，而是後來在把儒略曆定為基督教的日曆以後才定出來的，也就是在西元 532 年後宣布 532 年前為西元元年而已 —— 至於耶穌基督是在什麼時候誕生的，現在甚至還存在著幾種互相矛盾的說法幾種說法呢！

但是，當時為什麼是選擇 532 年前作為曆元呢？因為 532 這個數字，是閏年週期數 4、朔望月週期 19 和星期的天數 7 的最小公倍數：

$4\times9\times7=532$

這樣一來，就可以保持基督教的復活節，在經過 532 年以後又會在同一日期、同一月相和星期序數中重複出現，可以說完全是為服務宗教需求而生了。

目前世界各國多採用公曆曆元，其目的在於找出一個「共同的時間起點」，當世界各國都把他們歷史上重要事件的時間統一折算到西元紀年上，相互交流與溝通時，在時間上才會產生共同語言。

歷史上不同的計時工具

古老的日晷

太陽發出光和熱使萬物生長，也使地球充滿了活力。人類崇敬太陽並奉之為神，從古代帝王的祭祀到後來人類的生活，無不以太陽的位置為準，因而太陽很自然地成為古代的時鐘，世界各地也都不約而同的發明了各式各樣的「日晷」來計時。

西元前 7 世紀，利用日影來測量時間的儀器 —— 圭表在中國被發明。圭上有刻度，標示著長短，使用的時候，需要把表豎直放在陽光下，讓表的影子投到平放著的圭上，以此觀察影子的長短，進而判斷當時的時間。甚至，圭表不僅能測量時間，還能推算出當時是哪個季節。

目前，在北京故宮陳列著一座古代的日晷 —— 也就是日晷，是利用日影測量時間的另一種儀器。這種儀器是把一根鐵針豎立在一個圓形的石板中間，鐵針四周的石板上刻著 12 個時辰的標記，隨著太陽東升西落，只要根據針影的方位，就可以知道時間了。

過去，希臘人製造了許多不同的日晷，有的是讓杆影落在垂直的牆壁上，有的落在球面、圓錐面或圓柱面上。隨著太陽在天空中運行，杆影也相應地移動，只要觀察影子末端所指出的字盤上的刻度，就知道是什麼時候了。另外，俄羅斯境內有一些古代的里程碑，其外形是在一塊石板的中央，放著一枚三角形鐵片，鐵片四周刻有羅馬字，標明時刻，隨著太陽在天空運行，鐵片的影子也會像鐘錶指針一樣移動。

雖然日晷可以幫助人們根據太陽掌握時間，但它大多必須被固定在地面上，不很方便攜帶。後來，印度的僧伽便製造了一種多稜的手杖來解決這個難題，這種手杖是八角形的，每一個面都表示一個節令，手杖的頂端，每一邊都有一個能夠插進一根小木釘的孔洞，而手杖的平面上，則事先根據木釘影子的長度刻上記號作為時間標記 —— 只要把小木釘插進孔洞（當然要選擇符合當時節令的孔面），看看木釘的投影，就可以知道當時是幾點鐘了。

中國到了宋代初年，大型的報時工具被發明出來 —— 水運儀象臺。這個儀器以水作為動力，是一座精巧的「水鐘」，它使用了相當於現代鐘錶中的擒縱系統，透過大小齒輪的咬合控制水車轉動的速度。水運儀像臺是一座高約 12

公尺、上下共有 7 層的小樓臺。樓臺的最上層是用來觀星的「龍柱」；第二層裝著一個會自動運轉的天球儀。再往下的五層，第一層有 3 個門，到了每個時辰的開始，就有穿紅衣的木人在左邊的門內搖鈴、每逢時辰的正中間，會有紫衣木人在右邊的門內敲鐘、每過一刻鐘（也就是我們現在所知的 15 分鐘），也會有綠衣木人在中間擊鼓；第二層，當上述紅衣和紫衣的木人搖鈴敲鐘時，則會有拿著報時牌的木人出現在中間的門；第三層與的二層的邏輯一樣，但拿著報時牌木人是綠衣木人擊鼓時才會出現；第四層的木人負責敲鈴打更報告晚上的時刻；而第五層的木人則負責報告日出日沒。

水運儀像臺是目前已知最早開始根據機械運動的週期作為計時標準的鐘擺設備，但由於它仍是透過流水計時，而不是透過機械本身的運動計時，因此，也可以把它看成是從穩定流水計時到機械振動計時的過渡階段，而它所使用的擒縱系統也被公認為是世界上機械鐘的祖先。

隨著十字軍東征，中國的造鐘技術傳到歐洲，刺激歐洲人製造初類似的裝置，從而開啟了機械鐘的時代。機械鐘的發明將晝夜劃分為等長的 24 個小時，而這個機制首先在歐洲得到普遍的承認，其決定性的事件，則是義大利米蘭於西元 1335 年設立了公共鐘，以 1 天 24 小時的規則進行報時。不過，早期機械鐘的鐘速取決於驅動輪，而驅動輪又受到動力結構中摩擦力變化的影響，因此不太精確，每天可能會差到 15 分鐘以上。

機械鐘的出現

前面提到，十字軍東征後，人類進入了機械鐘的時代。然而，從古老的掛鐘到精巧的手錶，都有一個鐘擺，這個鐘擺又是誰發明的呢？世界上第一個用擺的振動來計時的鐘又是在什麼情況下被製造出來的呢？

在西元 1583 年的義大利比薩城，有個叫伽利略（Galileo）的年輕人到教堂去做禮拜，當時，他看到一盞吊在屋頂下的銅燈被風吹動而慢慢地前後擺動著，伽利略想：銅燈的擺動這麼平穩，不知道是不是每次擺動的時間都一樣呢？然而，當時還沒有可以進行更細緻的計時的鐘錶，因此沒辦法做比較。

後來在課堂上，他的老師說：「一般來說，人脈搏的跳動是穩定的。」因此伽利略又想：能不能用脈搏來測定那盞吊燈擺動的週期呢？因此，下次他再去做禮拜時，就用手指按著自己的脈搏默數，同時仔細觀察吊燈的擺動——

他發現燈每次擺動所經歷的時間都是一樣長的，雖然擺動的幅度會越來越小，直到完全靜止，但擺動一次所用的時間卻不會變少；他還發現，如果吊燈的繩子越短，每一次擺動所經歷的時間也會越短。最後，他終於發現了「擺動週期和幅度無關」的等時性原理。

但是，為什麼會產生擺動的狀態呢？事實上，這與地心引力有關係：以吊燈的例子而言，當吊燈在它原來的位置上失去平衡的時候，重力和線的拉力不在同一條直線上，因此產生了一種讓吊燈回到平衡位置的力，而引起擺動。單擺運動的週期和地心引力有關係，因此，「擺得等時性運動」發生的條件必須是在同一個地方，也就是地心吸引力必須相同才會成立。

西元 1656 年，荷蘭科學家惠更斯（Huygens）進一步研究伽利略的單擺等時性原理，製造出世界上第一個用擺的振動來計時的時鐘。這種擺鐘的結構包含「擺動」和「計數」兩個部分，其中計數部分通常為採用指標和圓盤式的數字顯示。利用這種原理所製造出來的機械鐘在世界上被應用了 300 多年之久。

早期的機械鐘都較大。現在我們還可以看到，英國倫敦議會大廈那座巨大的「大笨鐘（Big Ben）」，它有四個鐘面，每個鐘面的直徑都是8公尺，而它的分針長3.5公尺，鐘面上的數字則有75公分，鐘擺有200公斤重。

後來，人類為了使鐘錶變得更加精巧，利用彈簧製造出擺輪游絲。游絲是一根螺旋形的彈簧，一邊安裝在擺軸上，另一邊安裝在一個固定的金屬片上——當擺輪向左或向右推動時，游絲便時而卷緊，時而鬆開。有了擺輪游絲，人類開始製造出懷錶和手錶等小型的計時工具。

手錶準不準，跟擺輪游絲的週期有關——擺輪週期越短，擺得越快，走得越準。人們製造出快擺手錶，讓擺輪每秒鐘來回擺動6次，即使運作一天，誤差也只有6秒鐘左右；再後來，為了讓手錶更準，人類不斷加以改進，採取各種優化的方式，比如在手錶轉軸上安裝鑽石，減少磨損，使壽命變長；或是為了增加手錶的防震、防水、防磁功能，而發明了自動手錶等。

電子鐘和電子錶

機械鐘的走時往往會因溫度等的變化而有快慢，一般來說，溫度偏高走時偏慢，溫度偏低，走時就偏快。而使用電流推動的電子鐘，因為結構更加簡單，走時也更加準確，因此現在在各級機關、工廠和學校，機械鐘大多已經被電子鐘所取代。

用電做動力的鐘叫電子鐘。最簡單的交流電驅動電子鐘，就是利用發電帶動一系列的齒輪變速裝置，驅動錶針指示時間。

西元 1952 年，美國發明了電動錶，利用電化電池作為動力，代替機械手錶中的發條。電化電池提供的能量比較穩定，所以走時的精確度被提高，但是，由於電池的電能是經由機械接點傳給擺輪的，而機械接點開關次數多了，很容易損壞，因此這種手錶沒有被廣泛的使用。而後，這種以電池作為動力的手錶再經改良，電子錶誕生了。

西元 1963 年，瑞士研製出「擺輪游絲式電子手錶」，是第一代電子錶。這種電動手錶與之前不同的地方，是用電晶體、電阻等元件構成無接點開關電路，來代替易損壞的機械接點；同時，它也不用發條，齒輪系統受力小，磨損較少，因此使用壽命較長，走時精確度也比電動手錶略高。西元 1960 年代，這種電子錶席捲了當時的世界市場。

另一種音叉式電子手錶，也是用電池作動力的。它用一個小音叉和晶體三級管無接點開關電路構成的音叉振動系統來代替擺輪游絲振動系統 —— 音叉的振動頻率為每秒 300 赫茲 (Hertz)，它走動時會發出輕微的嗡嗡聲，因此，只要輕輕敲擊音叉，音叉就會因振動而發出一定頻率的聲音。它所產生的時間訊號，推動了秒針、分針、時針轉動，指示出時間來。這種錶是第二代的電子錶，它的誤差較小，基本上可以控制在每天 2 秒鐘以內。

這兩種電子手錶跟機械錶相比，最大的差異是動力的不同，但主要跟走時精確度相關的振動系統，依然是機械振動，到了後來的第三、第四代電子手錶，則都是對振動系統進行改革後的產物。

西元 1960 年代，半導體積體電路出現，電子元件微型化，也帶來了第三代電子錶石英錶的問世，其比機械手錶走時精確度高出幾十倍，每年的誤差僅有 60 ～ 180 秒鐘。

再到 1970 年代，又出現了液晶顯示式石英錶，這是第四代電子錶，它每年的誤差不到 30 秒鐘，走時精確度就更高了。

石英鐘

石英鐘錶是一種用電流推動的鐘錶，但不同於一般的電子鐘錶，它是由石英晶體振動器、振動電路、分頻電路、整型放大電路、微型電機所組成，依靠積體電路整合在一塊小小的晶片上。這種鐘錶每隔 1 秒鐘就可以輸出一個脈波訊號，當電流通過時，石英晶體受電壓影響而發生振動，由於它的振動頻率十分穩定——一般石英鐘錶裡的頻率為 32,768 赫茲，而高頻率石英鐘錶裡的振動頻率則高達 4,194,304 赫茲，因此可以精確地控制電子振動器。最好的石英鐘，每 1,000 年才會產生約 1 秒鐘的誤差，天文臺不但用它來計時，也用它來測定地球自轉速度的變化。

天然石英的單晶是水晶，在化學上被稱為矽石，是一種二氧化矽的化合物。西元 1880 年，法國科學家皮耶．居里（Pierre Curie）和雅克．居里（Jacques Curie）兄弟發現了水晶在物理學上的重要現象——他們把水晶晶體切成平行的薄片，放在兩塊金屬板之間，在外來重力作用下壓緊或者拉長這種薄片，便會出現了一種現象：在晶片的兩端聚集了相反符號的電荷。

水晶的這種特性，可以使水晶薄片在交流電作用下以高頻率振動而產生超音波的振動。

第一次世界大戰期間，德國利用潛水艇突襲英法聯軍，艦船沉沒，使英國海軍頓失優勢；後來，法國物理學家朗之萬（Paul Langevin）利用上述居里兄弟發現的原理，製造出世界上第一架超音波探測儀，只要在軍艦上放置這種儀器，發出音波，它遇到障礙物便會反射回來，當儀器再接收到了回波之後，就可探測到敵方潛艇的位置，有效防止敵方潛艇的突襲，從而掌握戰爭主導權。

把水晶切成單晶片後製成的水晶諧振器，是製造石英光纖劑量計、石英電子錶不可缺少的，人造衛星、導彈、飛機、艦艇、電子顯微鏡、電視、電報、廣播等也都會用到。

精確的原子鐘

在科學技術飛躍發展的今天，原子能、航空技術和粒子物理對時間的計量要求更加精密。一些同位素和各種粒子在百億分之一秒內就會產生變化，因此，現代的電子計算機都需要在幾千萬分之一秒、幾億分之一秒，甚至十幾億分之一秒內進行計算。

因應上述發展的需求，這些科技需要有一種更精確的國際標準時間作為參考，而為了協調世界各國的時間計量工作，國際時間局（BIH）在法國巴黎設立，它以國際原子時為標準（TAI），為各國的計時中心提供準確的時間資料。

從西元 1960 年代開始，國際時間局通過世界協調的時間，使時間既保證了均勻性，又能反映出地球自轉的特點。國際天文學界於西元 1967 年定義了原子秒，並引進了原子時的計時系統 —— 西元 1967 年，國際度量衡大會（CGPM）確定的秒長定義是「秒（S）是銫－133 原子於基態之兩個超精細能階間躍遷時所對應輻射的 9,192,631,770 個週期的持續時間。」

採用上述銫原子內部的運動狀態進行時間計量的鐘又稱為「原子鐘」，原理就是根據銫原子內部的電子在躍遷時會輻射出電磁波 —— 而它的躍遷頻率是極其穩定的，並利用這種電磁波來控制電子振動器，從而控制鐘的走時。

世界上第一架原子鐘 —— 氨鐘，是美國國家標準局於西元 1949 年製成的，標示著時間計量進人了新紀元，到了西元 1992 年，原子鐘已在世界上普遍使用。

從西元 1972 年 1 月 1 日零時起，透過標準時間電臺，國際度量衡大會將國際原子時改為世界協調時間（UTC）。所謂世界協調時間，就是經過國際原子時協調的世界時間，它與國際原子時的差值，通常都是在 0.9 秒以內。

國際度量衡大會每年會進行兩次調整，並透過標準時間電臺向世界各地發射標準時間的訊號：當國際原子時的時間與世界時的格林威治時間差超過 0.9 秒的時候，就會在世界時上插進一個閏秒，增加 1 秒叫正閏秒、減少 1 秒叫負閏秒，如此一來，便可以把格林威治時間所產生的誤差調整過來。歷史上，世界時曾分別於西元 1979 年最後一天和西元 1981 年 6 月 30 日各增加了 1 個「閏秒」的修正時間。

宇宙的計時者 —— 脈衝行星

西元 1967 年 8 月，英國劍橋大學教授休伊什（Hewish）和研究生貝爾（Bell）在觀測面積約 2 萬多平方公尺的巨大天線陣的射電源時，意外地記錄到了一幅脈衝影象，由於它的頻率時相當穩定，當時的觀測人員甚至以為是高智商的外星生物「小綠人發來的訊號」，後來經過一段時間反覆觀測，才確定它是一種特殊的新型天體 —— 脈衝行星。

這顆脈衝行星叫 CP1919（CP 是劍橋大學發現的脈衝行星縮寫，1919 則是這顆星的座標編號），它的脈衝週期是 7.337301344 秒，準確到了小數點後面 9 位，也就是說，它的精確度高達一億分之一秒，比銫原子鐘還要高出 20 倍。

後來，美國、澳大利亞等國也陸續觀測到許多脈衝行星，到目前已累積達 330 多顆。

脈衝行星的名字雖然叫做星，但其實我們用最大的光學望遠鏡也看不到它的蹤影，通常只能用電波望遠鏡才能接收到它的脈衝訊號。

脈衝行星堪稱西元 1960 年代天文學四大發現之一。它具有相當穩定和很短的脈衝週期，一般認為，它是快速地旋轉著的中子星或者在快速地一漲一縮的中子星 —— 脈衝行星內的物質密度相當高，加上它內部極強的電場與磁場不斷相互作用，所以能夠飛快地旋轉而不致瓦解。

但是，為什麼脈衝行星發出的無線電波有精確的週期呢？一般認為，中子星光有一種叫做「燈塔」的結構（是一些輻射較集中的區域），不停地發射強烈的無線電波，中子星每旋轉一周，「燈塔」就朝向我們一次，人們就接收到一次無線電波。

這種比原子鐘還準確的脈衝行星，又被稱為是「天文鐘」，科學家認為，「天文鐘」是宇宙中最精確的鐘，在未來的太空探險中，脈衝行星或許可以取代「原子鐘」作為星際旅行的計時器。

測定遠古年齡的「放射鐘」

西元 20 世紀初，奧地利物理學家赫斯（Hess）在氣球吊籃裡放置驗電器，用來測量空氣導電程度時，發現了一種來自天外的射線，引起許多科學家的注意；西元 1930 年，美國科學家拉比（Rabi）發現這些射線穿過地球的大氣時，會產生許多高能中子，這些中子像雨粒似的再撞到空氣中的氮原子上，就把氮原子變成一種新的碳原子 —— 這種碳原子擁有 6 個質子和 8 個中子，因此又被稱為「碳 14」。

放射性碳 14 是一種不穩定的同位素，它會不斷放出射線而減少，同時又在大氣中不斷產生，使碳含量保持平衡。地球上的所有生物，在活著的時候，總是不斷地吸收大氣中的二氧化碳，因此，也必然吸收了混在一起的碳 14，只有當動植物死亡後，它們與外界停止了物質交換，碳 14 的供應也才隨之停止。而從這時起，碳 14 會由於不斷放出射線，含量逐漸減少 —— 大約平均每經過 5,568 年，碳 14 的含量會減少一半，因此，又被稱為是放射性同位素的「半衰期」。

考古學家利用碳 14 的這種原理來測量文物的年代。例如，考古學家取下埃及古墓中出土的一個船形器皿上的一塊木塊，經過碳 14 測定可以知道，這件文物的年代為距今 3,620 年；或是中國西安半坡村為距今約 6,000 年左右的新石器時代遺址。可是，雖然利用碳 14 可以了解約六萬年以內的物質年份，但若是想要透過它來判斷古老的地質年代，卻會受限於由於它走時較短，以及岩石中缺少碳的因素的影響，因此，地質學上常選用岩石中常見的放射性元素 —— 鉀 40 來進行定年。鉀 40 放射出射線後會變成氬 40，因此，只要測定岩石中鉀 40 與氬 40 的含量，透過計算就可推知礦物或岩石的年齡；同時，由於鉀 40 具有更長的半衰期，因此也可以用來判斷距今幾十億年的化石年齡，比如透過鉀 40，可知珠穆朗瑪峰頂的岩石是距今 4.5 億年前形成的、地球上最古老的岩石約 40 多億歲了、而太空人從月球帶回的岩石則已經有 45 億歲了。

生理時鐘：自然界的時間奇蹟

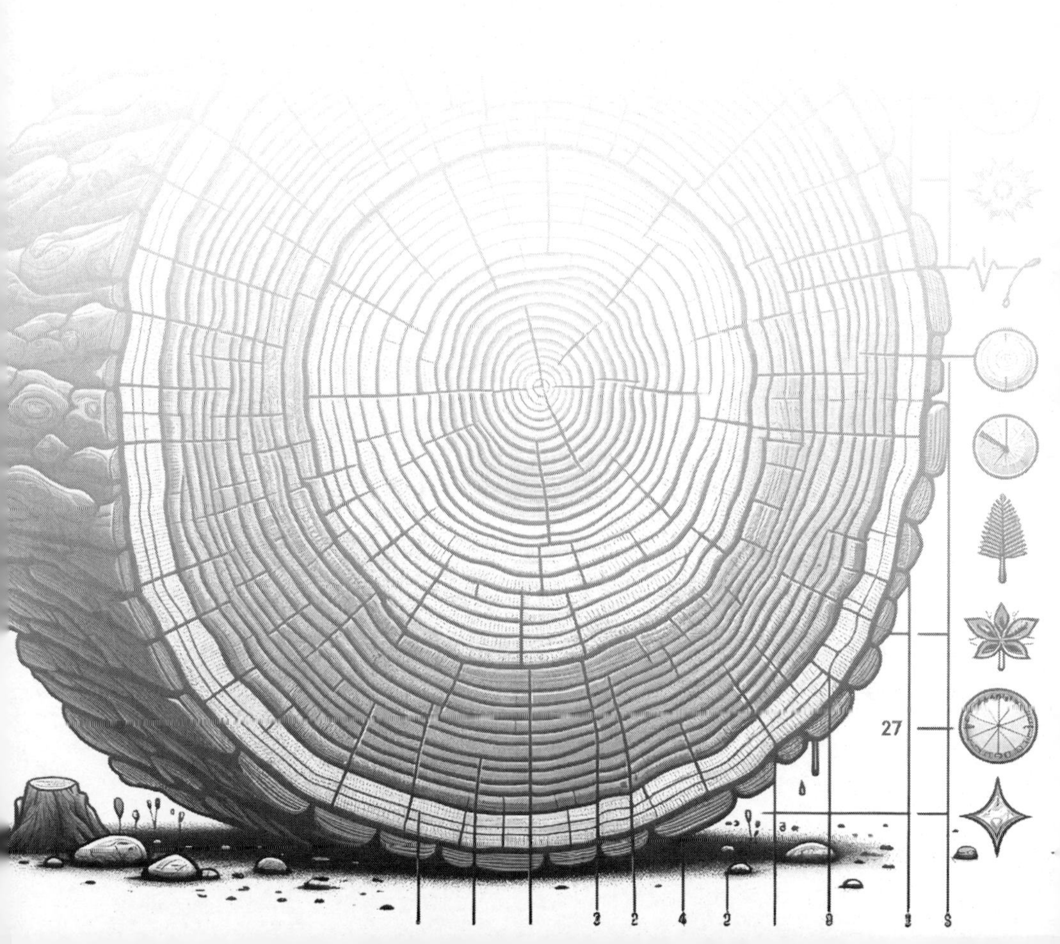

自然界的奇妙鐘錶 —— 地質鐘

地質學家在研究海洋化石時發現，不同地質年代的珊瑚化石上的條紋不同：石炭紀（Carboniferous，距今約 3 億年前）地層的珊瑚化石一年會有 385 條生長紋；泥盆紀（Devonian，距今約 3.5 億年前）地層中的珊瑚化石一年會有 390 條生長紋；而志留紀（Silurian，距今約 4.1 億年前）地層中的珊瑚化石有則 398 條細紋 —— 中間夾雜了 13 個生長帶。

這些化石的痕跡是怎麼來的呢？原來，珊瑚外層細胞分泌的碳酸鈣的多少，與太陽光的強弱有關，白天分泌得多，晚上分泌得少，於是在珊瑚的表面上，每過一天就留下一條細紋，這種環狀的細紋，又叫做生長紋。

現代珊瑚每隔 28 個生長紋，就有一條細薄而收縮的條紋，被稱為生長帶；而大約每隔 360 圈生長紋，就有一個明顯的圓環，由許多厚而寬的生長紋繁集而成，被稱為生長環。產生生長帶和生長環的原因在於，珊瑚每月有一次繁殖高潮，牠分泌碳酸鈣的機能降低，使得環紋變薄而萎縮；而因季節的變化，夏季水溫高生長較快、冬季水溫低生長較慢，因此留下凹凸不同的環紋。

根據珊瑚化石的痕跡，科學家推測，在距今約 5 億年前，一年大約有 420 天；而在距今約 4 億年前，一年約為 390 多天，每月有 30.5 天，每天約 21.5 小時。也由此而得出一個結論：越接近現在，地球自轉的速度越慢，每月的天數變少了，而每個晝夜的時間則變長了。

大自然中，除了地球的「時鐘」—— 珊瑚外，還有奇妙的月球「時鐘」—— 鸚鵡螺。

鸚鵡螺生活在印度洋和菲律賓海域，殼體為螺旋形盤卷，直徑約 20 ～ 30 公分，外殼灰白色，腹部潔白，背部有粗寬的棕黃色橫條紋。它常在珊瑚質淺海底爬行，偶爾也會游泳，姿態與烏賊相似，若遇到大風來襲，就漂浮到海面上，以小魚、蝦、蟹為食。

鸚鵡螺的頭前緣有許多觸鬚，為捕食和行動之用，覓食的時候，牠們會伸出觸鬚，向四周展開，將獵物包裹起來，然後吞食；在休息的時候，觸鬚會縮進殼裡，只留 1 ～ 2 根在外面警戒。有時，如果需要迅速行動，則會像烏賊一樣噴水，以反作用力來推動身體前進。

鸚鵡螺的殼由隔膜分隔成許多「殼室」，最外側的一個殼室體積最大，是鸚鵡螺居住的地方，叫「住室」；後面的其他殼室，體積較小，可貯存空氣，叫做「氣室」，各個隔膜中央有一小孔，連成小管，與最外側的肉體相連。隨著鸚鵡螺不斷長大，殼室的數量也跟著增加，而鸚鵡螺正是依靠這種「氣室」，在海中沉浮自如。

當科學家研究活體鸚鵡螺時，發現鸚鵡螺的殼室壁上有一條條清晰的環紋，這是牠的生長線，每個壁上都有 30 條生長線。

奇怪的是，在同一個地質時代的鸚鵡螺化石，牠們的生長線數量是一樣的，而不同地質時代的鸚鵡螺化石卻是不同的。例如，距今約 7,000 萬年前的鸚鵡螺化石，腔內有 22 條生長線；距今約 3.2 億多年前的鸚鵡螺化石，腔內卻只有 15 條生長線，說明了鸚鵡螺的生長線，從近代推向遠古，越來越少。這是怎麼回事呢？

根據生物學家和天文學家的推算：在距今 3.2 億年前，月球離地球較近，月球繞地球一周需 15 天，因此鸚鵡螺每月留下了 15 條生長線；到了距今約 7,000 萬年前，月球離地球較遠，繞地球一周需 22 天，因此鸚鵡螺每月留下 22 條生長線；現在，月球離地球更遠了，繞地球一周約需 30 天，因此海中的鸚鵡螺每月就會長出 30 條生長線，正好記錄著月亮繞地球一周的天數。

生物界的「潮汐鐘」

潮汐是大自然的規律，是海水受到月亮和太陽吸引的結果。不少海洋裡的動物在覓食、繁殖等活動中，也有著明顯的潮汐規律，也可以說是體內有一種「潮汐鐘」在支配著這些行為。

海灘上的生物如蛤蜊、貽貝和牡蠣等，在漲潮時張開貝殼捕食，而在退潮時把貝殼緊緊地關閉起來。

沙蠶身體細長扁平，長約 10 公分，通常為灰黃色或淡紅色。牠由很多環節構成，每節兩側各有一個疣足，上有剛毛，適於爬行和游泳。每到繁殖季節，成熟了的沙蠶尾部飽孕著卵子和精子，在海底將自己一分為二 —— 尾部和母體，母體留在珊瑚礁間，尾部則浮上水面，在海上產卵、排精。在海浪傳送下，尾部完成了生命的繁衍任務後就死去；另一半母體在珊瑚礁裡慢慢長出生殖器官，等到第二年再次繁殖；而成群的受精卵隨則波逐流地漂浮，慢慢孵化出小沙蠶。

沙蠶產卵時的情況大都相似，產卵的日期在不同的地點有早有晚；馬來群島的沙蠶在 3 ～ 4 月間產卵、古爾伯特群島的沙蠶在 6 ～ 7 月間產卵、薩摩亞群島的沙蠶卻在 10 ～ 11 月間才產卵。但是，牠們產卵的時間點卻都是在月圓後幾天，潮汐浪峰最高的傍晚時分 —— 沙蠶的這種奇妙的規律，形成了一種自然界的奇觀：海上漂滿沙蠶的受精卵，連海水的顏色也變成一片乳白色了。

中國沿海和美國東部大西洋的許多海灘沙地上，生活著一種神祕的小蟹，它們的習慣與潮汐也有關係 —— 漲潮前的 10 分鐘，這種小蟹總是會安全地藏到洞穴裡，等到退潮才爬出來，因此牠們被稱為「招潮蟹」。生物學家認為，造成這種行為的原因，在於招潮蟹體內有種神祕的「生理時鐘」在校正時間，可以根據陽光來改變顏色，又可以按月亮升落，隨潮汐漲退來指揮覓食或休息的時間。

美國加利福尼亞沿海的一種小銀魚，身體細長，滿身銀白，長著黑點般的小眼珠。每年 3 ～ 8 月，是小銀魚產卵繁殖的時期，海浪將牠們沖向海灘，母魚不斷旋轉，將尾巴鑽進沙裡產卵；公魚則使卵受精，等待兩星期後，另一次海浪沖來，把孵化出來的小銀魚帶回太平洋。這種趕浪潮式的交配行動，保護了牠們的後代，使魚卵能在沙裡順利孵化，小銀魚也能按期復歸大海。

美國太平洋沿岸還有其他跟隨潮汐時間進行繁殖的魚

類 —— 每年 5 月月圓以後的一次大海潮，海浪會把成群的鱸魚帶到海邊，牠們隨著海浪衝向沙灘，跟小銀魚一樣，母的鱸魚將卵產在沙裡，公鱸魚急忙將卵受精，這種將魚卵產在高潮線上的沙灘的行為，有利於魚卵的孵化。

總是朝向太陽的「向日葵」

向日葵是菊科一年生草本植物。它的頭狀花序上有共1,000多朵小花，每朵小花結成一顆果實，整齊地排列著；花托邊緣有一圈黃色的舌狀花，其外側還有一圈總苞，由許多綠色小葉堆疊而成，作用為保護花芽。

為什麼向日葵總是會朝向太陽呢？科學家在長期研究中，在它的莖內找到了一種「植物生長素」——這種小東西很有趣，陽光照到哪裡，它就從哪裡溜掉，彷彿在跟太陽玩捉迷藏。早晨，向日葵的花托朝東，太陽從東方升起，生長素就從向光的一面，溜到背光的西面去，刺激那裡的細胞迅速繁殖，使背光面比向光面生長得快，於是整個花托朝著太陽彎曲。隨著太陽在天空中運行，植物生長素在莖裡也不斷地往陽光的反方向移動，刺激背光處的細胞加速生長，也就造成花托始終繞著太陽旋轉的現象了。

另外也有一種說法，是因為在太陽光照射下，向日葵的莖內發生了細胞的電極化——向光面獲得負電荷，背光面就產生了正電荷。於是，帶有負電荷的生長素就流向帶有正電荷的背面細胞，使背光面生長較快，而莖也就跟著向光彎曲了。

花開花落總有時

植物的生長與自然環境密切相關。光照、溫度、水分、溼度等不同因素，使植物在長時期自然選擇和適應的過程中，形成了一種週期性的生活規律。

花開總有時，植物開花是隨著晝夜和季節的變化而不同的，它們有的在白晝怒放，有的在月下盛開；有的在春季開放，有的在秋天開花。而就算是同一種花，由於光照不同，氣溫不同，也有可能因為南北的差異而有不同的花季。

有的花兒很嬌嫩，怕被太陽光灼傷，因此開得早、閉合得也快，像是啤酒花和牽牛花，在黎明之前就盛開了，因為清晨的空氣比較溼潤、光線較柔和，到了上午 9 ～ 10 點左右，陽光變得強烈、空氣較乾燥了，它們就卷合起來，免得灼傷。

跟啤酒花和牽牛花不同，半枝蓮 —— 又叫太陽花 —— 喜愛陽光，上午 10 點左右開花，光照越強，花兒也開得越豔麗，過了中午才會閉合起來。陰天的時候，半枝蓮雖然也會開花，但閉合得也會比較晚。

蒲公英喜歡追逐陽光，日出花開、日沒花閉；阿爾卑斯山的龍膽草對太陽光則又加敏感：只要太陽被雲層遮掩，它就會很快閉合起來，等到太陽一鑽出雲層，它又會很快地怒放。

除了受陽光影響，花開的時間也與授粉繁殖有關。通常，風媒花開花沒有早晚，而蟲媒花則會配合為它授粉的昆蟲的時間，比如蜜蜂早上採花蜜，蜂媒花就會開得比較早；而蝴蝶比較晚出動，蝶媒花也就開得晚一點；夜蛾是晚上才會出來授粉，因此也有少數花多是在傍晚之後才花。

最有趣的要算落花生的花了——它開花的時間有長有短，是隨晝夜長短不同而變化的。7月，花生在早上6點就開花，到下午6點才閉合；到了9月，要等到上午10點鐘才開花，而下午4點時就閉合了；如果是陰雨天，花開的時間就更短了。

另外還有睡蓮，清晨太陽升起的時候，睡蓮的花辦逐漸綻開，笑臉相迎，太陽下山時，花就閉合了——睡蓮花夜間閉合，是由於夜間氣溫較白晝低，避免嬌嫩的花蕊凍死而有的一種機制。

番紅花早春開花，它在一天中，會時開時閉地反覆幾次，造成這種現象的原因，是因為番紅花對氣溫變化感覺敏銳，當氣溫上升時，花的內側生長較快、而氣溫下降時，花的外側則比內側生長更快，因此而閉合了。

植物的生理時鐘雖然比較準確，但也容易受到外界環境影響而被調整。比如如果讓植物的日夜規律顛倒，在夜間照以燈光，在白天時則挪到暗處放置，植物就會配合新的光線週期來調整體內的「生理時鐘」，重新產生一套生活節奏。

蟑螂身體裡的「鐘」

蟑螂反應靈敏，它的觸角屬於最敏感的部位，腿關節上的神經末梢，對細微的聲響，即使是輕輕的腳步聲，也能很快察覺到。科學家在顯微鏡下發現，蟑螂的神經系統共有 14 對巨型中間神經元的神經細胞，每根尾鬚約有 220 根鬚毛，因此能察知地面和空氣的微弱震顫，並立即作出反應。人走動時，地面和空氣發生微弱的震顫，會使鬚毛變形，根部的感覺神經就向神經元發出訊號，並傳遞到腿部，收縮肌肉，以驚人的速度逃之夭夭。

生物學家曾經對蟑螂進行了多次實驗，比如把蟑螂關在密室裡，利用儀器自動控制著內部的溫度、溼度和氣壓，隔絕了外界的一切音響，並用紅外線追蹤牠的行動。一星期後再去觀察牠的行為規律，發現週期是 23 個小時又 53 分鐘，跟地球自轉的週期非常接近。

另一項實驗則是用人工製造出一個新環境，把大自然的晝夜規律顛倒，讓蟑螂在裡面生活，並用電子眼追蹤牠的活動。在這樣的環境下，白天變成黑夜，黑夜變成白天，經過一星期，蟑螂調整了原來的生活規律，改為在人造黑夜裡活動。

生物學家認為，蟑螂身上有一個奇妙的「鐘」，指示著蟑螂的活動和休息。但這個「生理時鐘」藏在哪兒呢？就在蟑螂的喉部下方，有一種神經節，而牠的側面和腹部還有一群神經內分泌細胞，分泌和調節著賀爾蒙，發出行動的「指令」。

生物學家還曾經將一隻蟑螂身上的上述組織摘下，移植到另一隻蟑螂身上去，在這種狀況下，這個奇特的時鐘照樣有規律地在擺動，不過，當這個組織被冷卻到 0℃ 時，它的工作就停止了，只有溼度增加時，時鐘才又開始擺動。

可是，如果把蟑螂的這個神經組織摘掉，「停擺」了一段時間後，牠的活動又再度變得有規律了。這是什麼原因呢？生物學家發現，蟑螂除了這個「時鐘」外，還有更重要的「母鐘」在擺動計時 —— 這個「母鐘」就是神經纖維軸突末端和其他神經連接處的神經突觸，它分泌的賀爾蒙控制著一般「生理時鐘」，也就是我們上面所說的「子鐘」，「子鐘」指示著蟑螂的日常活動，而「母鐘」則是在「子鐘」發生偏差、或是在「子鐘」停擺時，才會發揮作用。

秋去春回的候鳥

候鳥是隨季節變化而遷徙的。每年春夏之交，從南方飛來產卵繁殖的家燕、白鷺，到了秋天又飛返南方，這是從越冬地飛向繁衍區，被稱為夏候鳥；而秋冬之交，從北方南飛的鴻雁、野鴨，到第二年春天又飛返北方，這是從繁衍區飛往越冬區，被稱為冬候鳥。

家燕來自印度半島、南洋群島等越冬地，每年從南方向北飛遷，最先到達中國廣東，三月間先後到達中國福建、浙江和長江三角洲一帶，四月間則會在山海關等地見到牠的蹤跡，然後再到中國東北和內蒙等地。

黃胸鵐遷徙的路線較為曲折。春天，牠們從印度半島、中南半島，向北經中國飛到西伯利亞，再經東歐飛到西歐地區，在那兒築巢，產卵，繁殖；到了秋季，牠們又順著這條迂迴途徑，南返到印度半島和中南半島。

雁是冬候鳥，每年秋冬季節會成群結隊地向南遷飛。牠們的飛行途徑主要有兩條：一條途徑由中國東北經過黃河、長江流域，到達福建、廣東沿海，甚至遠達南洋群島；第二條路線則經由內蒙古、青海、四川、雲南，最後到緬甸、印度等地。

不僅亞洲的雁南北往返遷徙，歐洲和北美洲的雁群也是這樣。每當秋風掃落葉的時候，北歐的雁群南遷到非洲；北美洲的雁群南遷到南美洲，到了第二年春天，再飛返回牠們的「故鄉」。

北美洲蘇必略湖西部，一直到哈德森灣間的廣闊土地上，生長著大片原始森林，那裡棲息了世界最大的鷹群。每年深秋季節，氣候變冷，鷹群就沿著蘇必略湖沿岸成群結隊向南部飛遷去過冬，一次最多可達 25 萬隻以上；到了春暖以後，再飛返繁殖地區。

太平洋金斑鴴的遷徙是繞大圈飛行。金斑鴴有東、西兩種，東金斑鴴春季在阿拉斯加西部和西伯利亞東北部繁殖，南遷時南飛到臺灣、中國廣東和雲南一帶，一次飛行的距離大約為 4,000 多公里；西金斑鴴則在加拿大森林裡築巢繁殖，到秋季向南飛遷，經拉布拉多半島、大西洋、巴西，一直到阿根廷的叢林過冬，到了春季再向北飛行，經中美洲、密西西比河返回「故鄉」。

鸛鳥從北歐遷飛，途經地中海、撒哈拉沙漠，一直飛到南非去過冬，整體飛行時間約歷時 3 個月，飛行速度較快。

鸌是在北極地區極晝的時候產卵繁殖的（這時候南極正是極夜），牠們產完卵，孵出幼鳥，飛到南方過冬，而那時南極正好開始了極晝，算下來每年飛返的旅程約有 4～5 萬公里，而且每次都能準確地找到目的地。

但是，候鳥為什麼只是在春秋兩季遷徙呢？生物學家認為，氣候（包括氣溫、風、雪、日照）與食物等的外界因素，與季節關係密切，對鳥的遷徙有顯著的影響。越冬地帶，夏季酷熱，不適宜鳥的產卵繁育，因此春天時就北返故鄉；而繁殖地區冬季嚴寒，對鳥兒覓食、生活十分不利，因此到了秋天就南去越冬了。

樹木的年齡 —— 年輪

樹木的年齡，人們都是根據「年輪」來判斷的。那麼，年輪是什麼呢？其他就是樹木木質化後的莖每年形成的圓環。

由於季節和氣候的不同，樹幹形成層細胞的活動會有規律的變化 —— 春季時，氣候轉暖，養分充足，形成層細胞的分裂和生長都較快，所產生的木質部細胞較大、細胞壁較薄，導管多而大，木纖維少，被稱為早材或春材；入秋後，氣溫漸低，養分減少，形成層細胞的分裂和生長都減慢，所產生的木質部細胞較小，細胞壁較厚，導管小而少，木纖維多，被稱為晚材或秋材。

早材的顏色較淡，晚材較深，它們合起來形成一圓環，年復一年堆疊，而成為了「年輪」，顧名思義，可以表示出一年生長一輪的意思，因此，觀察一棵樹有幾圈年輪，就可以推知這棵樹的大概歲數了。

然而，並不是所有的樹木都有年輪，像單子葉植物由於沒有形成層，也就沒有年輪；另外，在缺少季節變化的熱帶地區，形成層所產生的細胞差異很小，年輪往往也不太不明顯；另一方面，有時候由於形成層有節奏地活動，一年之種也有可能產生一個以上的年輪。因此，根據年輪來推算樹齡，還必須扣掉「假年輪」，通常只能得到一個近似的資料。

年輪做為樹木獨特的「語言」，不僅敘說了樹木的年齡，還記錄和揭示了包含氣溫、氣壓、降雨等氣候的變化狀況。美國亞利桑那州大學最早建立了一個系統化研究樹木年輪的實驗室，經過長期觀察研究發現，美國西南部的松樹對氣候變化特別敏感，在寒冷溼潤的年代，松樹的年輪會長得很狹窄，根據這一規律，便可以推斷出很久以前當地的氣候情況，甚至可以根據年輪繪製了近幾個世紀以來北美洲歷年的氣象圖——而這個氣象圖與現代氣象設備記錄的結果是非常相似的。換言之，這種資料能顯示氣候變化的週期，並協助預測未來氣候情況。另外，考古學家也會利用活樹上鑽取到的寬窄年輪組成的圖案，跟史前印第安人的岩洞居民所用木材的年輪圖案相互對照，藉以判斷考古地點的年代。

生理時鐘與時差症候群

人有體內時鐘，地球上也有各種生態週期，兩者協調地交織在一起，形成了豐富多彩的人類生活和絢麗璀璨的自然環境。然而，現代文明往往會使這和諧的節奏受到侵擾，從而造成麻煩 —— 搭飛機旅行的人，由時差引起的不適便是典型的例子。

人體時鐘不可能像現代噴射引擎那樣高速運轉，在東西方向飛越時區和換日線時，旅行者會像在不知不覺中失去或賺到一天或幾個小時的時間，比如從華盛頓飛抵臺灣的遊客，剛下飛機時會感到緊張、勞累和不習慣，他們的這種感覺並不是虛幻的，因為快速跨越時區的確會使人產生明顯的生理和心理變化。美國的一組志願人員曾在美國奧克拉荷馬市和菲律賓的馬尼拉之間做過往返飛行實驗。結果發現，這些人在到達目的地後的 34 小時內，沒有一個人能夠順利完成 10 個兩位數的加法運算，有些人的「反應時間」甚至增加了 2 ～ 3 倍；而在南北方向飛行（時差小於半小時）的實驗中，則沒有類似現象發生。

在上述實驗中，奧克拉荷馬市與馬尼拉之間的時間相差 10 個小時，受試者在飛行中要跨過 10 個時區。如果飛機在 1 月 27 日上午 5 點起飛，經 10 小時飛行後到達馬尼拉，受試者體內的生物時鐘會保持在當天下午 3 點（奧克拉荷馬地方時間），但這時馬尼拉的地方時間卻已經是 1 月 28 日早上 6 點了！大部分的受試者都會因為 27 日這一天「變短」而感到不適。同樣的狀況，在由西向東飛行時也是如此。

這種由於人體內的生理時鐘和地方時間（外部時間）突然失調而引起的不適，就叫做高速飛行時差症候群。隨著現代交通工具的發展，人們跨洲過洋的旅行機會逐漸增多，因而時差症候群也就越來越引起人們的重視。例如，德國民航局的研究人員就曾提出建議：進行東西方向飛行的遊客到達目的地後，最好先休息一天，然後再外出遊覽、商業人員在到達後的 34 小時內，最好不要從事重要的業務活動；另外，據說美國政府還正式規定，外交官在經過這種飛行後，必須休息一天，才能進行談判。

除時差症候群外，夜間工作也會在短期內影響人的精神狀態。隨著工業化程度的加強，實行三班工作制的地方越來越多。如果對日常生活節奏的改變缺乏充分準備，除了會精神不適外，睡眠、飲食等日常生活習慣也會受到影響，這種時候，最好的方法就是盡量加強白晝和黑夜（包括光亮、黑暗、進餐、休息等）的對比，主動適應新的節奏，使自己的體內時鐘盡快和外部環境同步。

生理時鐘與合理支配時間

時間是最寶貴的，幾乎每個人都力圖在有限的時間裡做出更多有益於人類的貢獻，以創造生命的最高價值。然而，人們應該怎樣去利用時間，才能達到這個目的呢？

除了通常所說的珍惜、抓緊和不浪費時間外，還有一個合理支配時間的問題。

大家知道，在一天的不同時間裡，人的精力狀態是不一樣的。用生理學家的話來說，就是人的大腦皮質對外界刺激的反應能力，會隨時間而變化。合理支配時間的祕訣就在於最充分地利用你最有效率的時間，把最重要的工作安排在你一天中的這個時段去處理，這樣一來，就可以花較少的氣力完成較多的工作，收到「事半功倍」的效果。

每個人的生理情況和所處環境不同，一天中最有效率的時間也不一樣，「一日之計在於晨」只是一種籠統說法，不適用於每個人。據說，生理學家經過大量觀察和研究，根據生理活動規律把人分為「百靈鳥」型和「貓頭鷹」型兩大類：百靈鳥型的人早睡早起，上午精力充沛，做事效率高；而貓頭鷹型的人則剛好相反，他們早上睡覺，下午精神煥發，深夜工作效率最高；不過，多數人屬於「混合型」，混合型的人適應環境的能力很強，一天中具有上述兩次工作能力高峰。

當然，合理支配時間並不是機械地服從時間的安排，而是要在有限的時間以高效率發揮出更多的作用。對於一個充滿進取心的人來說，時間是不能用工作、學習、娛樂和休息截然分開的。從事於自然科學研究的人，常常把閱讀文藝小說當作一種休息；同樣，進行藝文創作的人，也會把瀏覽科普書刊視為休息 —— 他們都在休息中主動擴大自己的知識，甚至有些著名科學家，不管在什麼時候，一旦出現所謂靈感或其他某種機遇，就抓住不放，窮追不捨，從而做出了重大發現。

生理時鐘的調整

鐘錶可以調整對時，那麼生理時鐘是否也有這種性質呢？生物活動的時間規律既然不只是牠們對外界環境變化的簡單反應，那麼究竟與外界環境的變化有無關係呢？

生物學者曾把鼴鼠放在一個鐵絲籠子裡，並將籠子放在全黑的環境中，發現這種動物的活動週期逐漸偏離了 24 小時，變成 23 小時或 25 小時，這就叫做「近晝夜節律」。如果以 23 小時計算，鼴鼠每天提前一個小時開始奔跑，那麼，經過 3 個多星期，鼴鼠的活動就比自然界中的鼴鼠推遲一天。

原來，生物的生理時鐘也和人造鐘錶一樣，可以進行調整，還可以把時間的起點對在任一時刻上。然而，鐘錶的調整是透過人來完成的，那生理時鐘的調整靠的是什麼呢？根據上述實驗可知，負責調整生理時鐘的，正是生物周圍變化的環境條件。生理時鐘本身的存在是內因，而環境條件變化的影響則是外因，生物之所以偏離了原來的自然規律，依照人為的規律活動，是因為生理時鐘被人為的環境條件調整了，一旦把實驗生物再放到大自然的環境中，過不了多久，牠們的生理時鐘又會被自然環境調回到原來的狀態，重新按著自然的規律活動了。

為什麼要研究生理時鐘

講到這裡，也許有人會問，科學工作者花費這麼大的精力來研究生理時鐘，有什麼實際上的意義呢？

迄今為止，我們研究生理時鐘的目的，不是在於要用生理時鐘來計量時間，因為我們已經有了比生理時鐘更加精確的原子鐘，研究生理時鐘的目的，在於認識生物界，因為生理時鐘是生物長期演化的產物，也是生物為了確保生存而適應環境條件的重要方法，因此透過它，我們可以了解生物界未被人類所認知的規律性，以便更好地為現代科學服務——為了提高農作物的產量，我們可以盡量滿足作物所需要的自然環境條件。比如大豆在 12 ： 12 的明暗循環條件下，開花早、產量高；在 9 ： 9 或 15 ： 15 的條件下，開花晚，產量低；而在 8 ： 8 或 16 ： 16 的條件下，就不能開花，沒有收穫。根據這個特性，我們就可以調整大豆接受日照的長度，增加作物的收穫。

生理時鐘和人類也是密切相關的，據醫學文獻記載，有許多疾病會週期性的發生，如週期性發燒、週期性腹痛、週期性嘔吐，週期性麻痺等，這些疾病，顯然和人體的生理時鐘有關，若對病理的生理時鐘進行研究，就可以幫助我們揭開這些病因的祕密並提供科學的治療方法。

除了生病，人體在不同時間對各種藥物的敏感度也不一樣，透過實驗得知：心臟病人在上午 4 點對藥物「毛地黃」的敏感度會要比別的時候高 40 倍、糖尿病人則在上午 4 點對「胰島素」最為敏感。為了增加療效，減少副作用，就可以根據生理時鐘的原理控制病人的服藥時間。

另外，對於駕駛太空梭和潛艇的專業工作者而言，他們一整天都在密封的艙裡工作，看不到白天和黑夜，作息時間更是用電光進行人為控制的 —— 特別是太空梭在繞行時，已經感受不到地球上的各種環境規律，但是人類的生理時鐘仍然需要按著 24 小時的規律來進行，否則就會感覺疲倦不堪，無法完成航行任務。

時間的軼事：趣味與奇觀

有趣的時差

地球不停地自西向東自轉，同時也沿著橢圓形軌道繞太陽公轉。

地球自轉的時候，總是有半個球面向著太陽，太陽光把它照得很明亮，那就是白晝，叫「晝半球」；另外半個球背著太陽，太陽光照射不到，大地上一片漆黑，那就是黑夜，叫「夜半球」。晝半球和夜半球之間有一條分界線，是一個大圓圈，它平分晝夜半球，叫做「晨昏圈」。隨著地球不停地自轉，太陽在地面上的直射點不斷由東向西移動，晨昏圈也隨著不斷由東向西移動，因此，晝半球和夜半球一直在相互交替中，由白天變成了黑夜，再由黑夜變成了白天。

地球因自轉產生了晝夜更替現象，而由於地球是「繞軸自轉」的，因此，地表上會產生兩個相對固定不動的點 —— 北極和南極，在兩極之間還有無數經線分布，故而在同一瞬間，地球上經度不同的地方，時間也就不同了。

前面的章節提過，不同地方的時間差，也就是它們在地理上的經度差。地球自轉一周約需要 24 小時，地球的經度分為 360°，也就是說，每隔 15°經度，時間就會相差 1 小時。

顛倒的季節

1978 年 6 月 25 日，世界盃足球賽冠軍戰正在阿根廷首都舉行，人造衛星向全世界轉播了比賽實況。球場上人山人海，人人穿戴著皮衣皮帽在觀看球賽，而臺灣的觀眾，卻穿著排汗衫和 T 恤，不停地揮動著扇子，圍坐在電視機前觀看。

聖誕節作為歐美國家的一個重大節日，於北半球國家而言，正是飄雪的冬天，商店櫥窗裡布置的是白眉白鬚，身穿紅色皮襖，頭戴尖皮帽的老人，在下雪天背著大袋子;可是，在南半球的澳洲、紐西蘭等國，商店內雖然也還是用雪景裝飾著聖誕樹和聖誕老人，但在窗外的人行道上，往來行走的卻是袒胸露背、身穿吊嘎的人。

為什麼地球上不同地區的季節是顛倒的呢？這跟地球的公轉有關：地球沿橢圓形軌道繞太陽公轉，轉一圈就是一年。在公轉過程中，地軸和公轉軌道不僅成 66° 34' 的夾角，而且地軸的傾斜方向不變，北極總是指向北極星附近，因此，太陽的直射點總是在南、北回歸線之間來回移動。

地球表面受到的熱，幾乎都來自太陽。但由於太陽離地球很遠，射到地面的光線幾乎是平行的，加上地球是個球體，緯度不同的地方，太陽照射的角度就不一樣，有的地方是直射，有的地方是斜射。因此，地球上各個地區季節的分布便由此決定——當太陽直射或接近直射的時候，該地區的溫度最高，是夏季；當太陽斜射的時候，該地的氣溫最低，便是冬季；而斜射角度較小的地區，則成為春秋兩季。

赤道附近地區，由於太陽幾乎都是直射，地面受到的熱量多，除高山地區以外，全年氣溫都高，可以說「四季如夏」；而在南北極地區，太陽則幾乎都是斜射，有時甚至會有好幾個月都看不到太陽，受到的熱量最少，氣候也最為寒冷。

溫帶地區就不同了，隨著太陽直射點的南北移動，地面得到的熱量不斷地變化，因此出現了明顯的春、夏、秋、冬四季——而當太陽光直射在北回歸線附近地區的時候，北半球溫帶地區陽光強烈，氣溫很高，白天很長，是炎熱的夏季，而這時候，南半球恰恰相反，處於寒冷的冬季；反過來當太陽光直射在南回歸線附近地區的時候，南半球溫帶地區是炎夏酷暑季節，而北半球溫帶地區，則為氣候寒冷、白天最短的冬季。

洞中方七日，世上已千年

牛頓認為，時間是絕對的，「不論事物運動還是靜止，也不論我們是睡著還是醒著，時間總是一成不變地走著自己的路。」他在劃時代的著作《自然哲學的數學原理》中，給時間下了一個著名的定義：「絕對的、真實的數學時間，就其自身及其本質而言，是永遠均勻地流動的，不依賴於任何外界事物。」講白一點就是，牛頓認為的絕對時間就像幾何直線上的點連成的直線，它沒有開頭，也不會有終結，總是「我行我素」地永遠均勻地走下去。

由於牛頓的巨大聲望，加上這種觀點與人們的常識相吻合，因此幾百年來，人們都認為的確存在著一個「獨一無二的、普遍適用的、不依賴於任何其他事物的時間體系。」但隨著科學的發展，也逐漸出現許多反對或質疑的聲音

到了二十世紀初，經過長期的深入研究和邏輯推理，偉大的科學家愛因斯坦（Einstein）於西元 1905 年提出了「狹義相對論」，根據相對性原理和光速不變的原理，建立了新的時間和空間的概念；到了西元 1916 年，他又提出了

「廣義相對論」，帶來物理學理論基礎的重大變革——他把時間與空間連結在一起，因為時間本來就是一種相對的概念。

牛頓曾指出，物體的質量是常數，並不會隨著運動速度而變化。在低速範圍內——這裡的所謂「低速」是相對於光速而言，在宏觀領域中（如火箭的發射、人造衛星的運行，太陽系或銀河系的運動等）——它們的速度遠比光速小，物體的動質量與靜質量相差微乎其微，牛頓力學也能適用。可是在微觀領域，由於電子、質子等基本粒子的靜質量都很小，它們的速度很容易達到接近光速的值，這時牛頓力學就不再適用，必須用相對論力學了。

科學家在研究相對論時已經了解到：從「光速不變」的原理出發，得出了時間確實是相對的結論——即空間（或長度）會隨著物體相對運動速度的增加而縮短，假如人在速度很高的太空船上看地球上的物體時，沿著運動方向的長度會比在地球上看時短。換言之，時間會隨著物體相對運動速度的增加而變長；物體的質量則會隨著相對運動速度的增加而變大，也就是說，物體運動的速度越快，它的質量就越大。

相對論揭示了高速運動物體的力學規律，從根本上改變了長期以來形成的有關絕對空間和絕對時間的概念。

相對論告訴我們，在不同的慣性系統裡，時間是不同的：高速火箭上的時間，相對於地球來說會比較慢，當粒子以接近光速運動時，壽命的延長效應便十分明顯。在高能加速器或宇宙射線中，很容易使粒子運動接近光速，例如有一種叫 U 的基本粒子，它的壽命只有 2 微秒（即百萬分之二秒），這樣即使它以光速運動，按牛頓的理論，最多只能移動 0.6 公里，但人們卻記錄到了 10 公里外的 U，顯示出運動粒子的壽命會比靜止時長 10 多倍。而這正是巨大速度所引起的「相對論效應」。

倒數計時的由來

西元1969年7月16日上午9點30分（美國東部時間），美國在甘迺迪太空中心（Kennedy Space Center）發射「阿波羅 11 號」太空梭。發射準備工作在緊張地進行，離發射的時間越來越近，時鐘嘀嗒嘀嗒地走著，人們的心情也跟著越來越緊迫，突然，從擴音器裡傳出總指揮下達最後 10 秒鐘的準備發射口令，而在控制中心的巨大螢光幕上也同步顯示出 10、9、8、7、6、5、4、3、2、1，發射！

頓時，發射架下，火光熊熊，濃煙滾滾，隨著震天動地的巨響，火箭吐著長長的黃色火舌徐徐上升。「阿波羅 11 號」太空梭中搭載著阿姆斯壯（Neil Alden Armstrong）、艾德林（Buzz Aldrin）和柯林斯（Michael John "Mick" Collins）3 名太空人，於西元 1968 年 7 月 20 日，登月艙「鷹」安全降落於月球的靜海區域。6 小時後，阿姆斯壯穿著太空裝跨出艙門，開啟了電視攝影機，踉踉蹌蹌地走下扶梯 —— 人類終於踏上了月球表面！他風趣地說：「這對一個人來說是一小步，而對人類來說卻是一大步。」接著，艾德林也踏上了月球表面，他們在月球上做了不少有意義的科學實驗，採集許多月岩樣本，還在上面漫步了兩個半小時，於 7 月 22 日開始返回地球。

最一開始說到的這種倒順序數數和倒順序顯示時間數值的方法，叫做倒數計時，現代火箭、導彈的發射、核彈的引爆等，都是採用這種倒數計時進行發射的。

但是，為什麼要倒數計時呢？自從飛機發明以後，人們想方設法創造更高速度的飛機，同時也加快了火箭的研製。西元 1926 年，世界第一枚液體火箭在美國麻薩諸塞州試飛成功，不久，德國出版了一本《太空梭航行》雜誌，第一期封面上面有一艘繞地球執行的太空梭，並題名「一個半小時就繞地球一周！」後來，德國的烏髮電影公司（Universum Film AG）拍攝了第一部太空科幻故事片——《月宮少女》，聘請火箭專家奧伯特（Hermann Oberth）擔任技術顧問，並製造火箭提供電影拍攝，導演弗里茨．朗格（Fritz Lang）為加強影片的戲劇效果，在火箭發射鏡頭中設計了倒數計時發射的橋段，即 10、9……3、2、1，發射！

由於這種方式相當科學，且簡單、清楚、準確，可以讓人集中注意力，產生緊張感，因此，倒數計時的方法就被廣泛採用了。

失蹤了的時間

麥哲倫（Ferdinand Magellan）和他的繼承者用了近3年的時間，歷盡艱難，完成了第一次環球航行。當他們踏上西班牙的海岸正歡欣鼓舞的時候，卻發現一件奇怪的事情：航海日記上明明寫著這一天是西元1522年9月6日，但在西班牙的日曆上卻是西元1522年9月7日。

後來，美洲大陸航線開闢以後，歐洲人紛紛來到北美洲，他們從大西洋海岸向西逐步遷移到了太平洋海邊。到了西元18世紀末，俄國人也從亞洲越過了白令海峽，來到北美洲。他們住在一起，相互熟悉了，卻經常發生昨天和今天的爭執，英國人、法國人說，「今天是星期天」，而俄國人卻斷然說，那是「昨天」，「今天」應該是星期一。

這兩個關於時間失蹤的謎被傳開了，西元19世紀末，俄國貝加爾湖附近伊爾庫次克郵局的基英費耶夫知道後，準備揭開它的祕密。他在地球儀上記著世界主要城市的地方時間，然後把檯燈當作太陽，把伊爾庫次克對準「太陽」—— 這時候，伊爾庫次克應該是正午，而紐約正位於地球的相對面上，應該是子夜；芝加哥在紐約西方，相隔經度 150°，應該是晚上 11 點鐘。

基英費耶夫撥弄著地球儀，左旋右轉，百思不得其解。第二天，他就發出一份電報：「美國、芝加哥郵局局長，盼告知收到來電的日期、時間，回電費已付。伊爾庫次克郵局基英費耶夫。」這份電報是伊爾庫次克於當地時間9月1日早晨7點鐘發出的。當天，芝加哥的回電來了，顯示為「8 月 31 日 9 時 28 分接來電。」

哪有這樣的事！？在美國是「昨天」，回電居然是「預先」發來的！

日子丟掉了一天，這個時間失蹤的祕密在哪裡？原來，地球不停地由西向東自轉，太陽東升西落。麥哲倫一行向西環球航行時，每天都在追趕下山的太陽，他們用了1,024 天繞地球一周，晚了一天，如果按平均分配，每天不過延長了一分多鐘，是不容易覺察出來的。而俄國人和英國人、法國人爭執不休的一日之差，原因也在這裡，由於英國人和法國人由東向西來到了北美洲，俄國人卻是由西向東來到了北美洲，可以說是他們「共同完成了另一次環球航行」。

亞洲東部的楚科奇半島、太平洋的島國斐濟、東加和紐西蘭等，是世界最早開始新的一天的地方，而全世界最後過新年的地方，則是換日線東側的西薩摩亞人，當他們剛迎接新年的時候，斐濟等國已經開始過 1 月 2 日了，正好相差一天一夜。

換日線的西邊是「今天」、東邊是「昨天」。郵輪和飛機航行在太平洋上，從西往東越過換日線時，日期就要減去一天，再用上一天的日曆，那失去的光陰彷彿重新「返回」來了；如果從東向西經過換日線，就要馬上從日曆上撕下一頁，那一天還沒有度過，就要告別，時間彷彿一下子「失蹤」了。

利用地球的自轉確定秒長 —— 世界時

陽光投射到地球上，地球又在不停地由西向東旋轉著，這就是自然界提供我們的「巨大的時鐘」。和我們一般的鐘錶不同，這個巨大的時鐘在走動的時候，「指針」不動，而「錶盤」在轉動 —— 指針就是地球的兩極與太陽之間的一個平面，錶盤就是地球本身，而地球上的經線就是錶盤的刻度。地球自轉時，地球上的各點依次經過「指針」，構成了一個大鐘的意象。

這個大鐘每 24 小時轉一圈，就是我們最熟悉的時間單位「日」。

有了明確的日長，積累起來就可以算出月長和年長，等分以後就可以得到時、分、秒。於是，秒長就可以用這個大鐘來確定了，它是日長的 1/86,400，現在世界上通用的「世界時」就是按著這種地球自轉週期來定義的。

地球自轉，太陽不動，根據相對運動的原理，在地球上看太陽，就好像太陽繞地球運動一樣。天文學家把太陽連續兩次經過地球表面某一個定點的經線所需要的時間定為一天，這就是「真太陽日」，而真太陽日的 1/86,400 就是真太陽日的秒長。

但是，地球的公轉速度並不是等速的，因為地球繞太陽運動的軌跡並不是一個圓，而足一個橢圓，太陽位於橢圓的一個焦點上；另外，地球自轉軸與地球公轉軌道平面也不是垂直的，這使得地球在公轉軌道的不同地點反映到太陽的位置變化速度不同。這樣一來，真太陽日就有長有短，最長的是 12 月 23 日，最短的是 9 月 16 日，長短相差最大達 51 秒。考量到這種情況，用真太陽日來確定秒長就顯得不夠準確了，於是，人們採用真太陽日的平均長度——「平太陽日」來確定秒長。由這樣的平太陽日定出的時間基準，就被稱為「零類世界時」，或寫成「UT0」。

同樣，平太陽日的 1/86,400 就是平太陽日的秒，即零類世界時的秒長、UT0 的秒長。

為此，西元 1886 年在法國巴黎召開一次國際學術會議，接受了美國天文學家紐康（Simon Newcomb）的研究成果，得出了「平太陽日」的嚴格定義，從而引出了世界時的概念。

隨著科學技術的發展，人們又認知到，不僅地球公轉速度不均勻，而且地球「自轉軸」的位置也在變化，使得兩極在地球表面上的位置亦在變化，這種現象通常被稱為

「極位變化」或「極移」。

在緯度相同、經度不同的各點設置許多觀測站，分析這些觀測點提供的測量資料，就可以求得極位變化的情形，通常其範圍約在 20 平方公尺之內。

然而，變化這麼一點就會影響計時精準度嗎？答案是會的，因為世界各地經緯度是以極點為原點定出來的，由於極點的移動，必然會使地球各地的經緯度發生變化，相應的時間也會發生變化，也正由於這種影響在世界各地是不一樣的，所以反映在零類世界時（UT0）的時間基準的秒長，在世界各地也是不一樣的。

另外，使 UT0 的秒長在世界各地不同的原因還有地球由於受月球的吸引而產生「進動」，地球進動的結果，使地軸指向天空的方向不再是一個點，而是一個圓。這個圓回轉一周的時間是 25,800 年！現在地軸北極指向北極星附近，在 12,000 年以後將指向北半球天空最亮的恆星——織女星附近，那時織女星就成了北極星了。

為了消除極位變化的影響，我們採用一個平均值，稱為「平北極」。以平北極為原點定出的世界時，我們稱為「第一世界時」，即「UT1」。

UT1 ＝ UT0 ＋△ λ

這裡的△λ是對 UT0 的修正量。對 UT0 修正以後得到的 UT1 在世界各地則是相同的，這樣一來，UT1 的秒定義有了更為普遍的意義，也便於應用了。

經過上述對極位變化的修正，UT1 的秒長還是不夠均勻的。然而，無論是季風、雷電的分布或是植物的生長等隨著季節變化的各種因素，也都會對地球自轉造成影響，進而影響到 UT1 的秒長，因此，再在 UT1 基礎上進行修正，而產生了「第二世界時」，即「UT2」：

UT2 ＝ UT1 ＋△ Ts ＝ UT0 ＋△ λ ＋△ Ts

UT2 部分改善了自轉速度不均所造成的問題，但由於地球的自轉還有不規則變化和長期變化等其他狀況 —— 比如，地球自轉的長期變化表現在最近 2,000 年來，為每過 100 年，日長增加 1.6 毫秒，即地球自轉有變慢的趨勢，所以 UT2 這個時間基準還是不夠理想的。

地球自轉變慢的原因，有人認為是由潮汐摩擦力引起的，還有人認為與地球兩極的自然條件變化有關。近年來已發現地球平均溫度有上升的趨勢，兩極地區巨大的冰川慢慢地融化，兩極的冰塊減少，使地球赤道附近的海洋水位上升，地球要保持原來的轉速，就要增加轉動力矩。但地球自轉的轉動力矩，是由太陽、地球、月亮按著它們自己的規律形成的，相對來說是不變的，只有使地球自轉速度變慢才能達到力的平衡。

由此可見，世界時的 3 種形式：UT0、UT1、UT2 都會受地球自轉中存在的不可預計的和長期變化的影響。

由於上述種種原因，按地球自轉制定的世界時的秒長仍有較大的誤差，有時可達 10^{-7} 量級，相當於每 3 個半月差 1 秒。在現代科學技術發展的情況下，這麼大的誤差是不被允許的，於是，人們又去尋找定義秒長的新方法。

利用地球的公轉確定秒長 —— 曆書時

地球除了自轉以外，還有公轉。地球繞太陽公轉一周的時間就是一年，地球繞太陽公轉，也可以想像為一個巨大的時鐘。太陽與地球的連線相當於指針，就像一種秒針上帶有「小衛星」的鬧鐘一樣。不過「小衛星」轉 1 周的時間是 1 秒，而地球繞太陽轉 1 周的時間卻是 1 年。

誠然，地球公轉的速度並非恆定不變，但是地球的公轉週期卻相當穩定。把地球公轉週期的若干分之一定為 1 秒，這樣的秒長也是相當均勻的。

西元 1952 年制定了以地球繞太陽的公轉週期為基準的計時系統，稱為「曆書時」，即「ET」。

為了實際應用曆書時，在下定義時要考量到下列兩件事：

(1.) 使世界時向曆書時過渡時不要產生時刻的中斷；(2.) 使曆書時的秒長與世界時的秒長儘量一致。

根據上面的原則，西元 1960 年在採用曆書時的時候規定：

曆書時的起始時刻是世界時西元 1900 年 1 月 1 日 0 時

正，在時刻上與世界時銜接。

曆書時的秒即是上述西元 1990 年 1 月 1 日 0 時正開始的回歸年長度的 1/31556925.9747。

由於回歸年長度不受地球自轉速度的影響，所以曆書時的秒長是均勻的。

由於技術上的原因，一般透過觀測月亮來測定曆書時。在西元 1960 ～ 1967 年，曾用改良的布朗月曆表得到的歷書時稱為 ET0；西元 1968 ～ 1971 年使用新的天文常數系統，並對布朗常數的一項錯誤進行修正後測定的歷書時稱為 ET1；而從西元 1972 年至今，再次調整布朗常數後得到的歷書時則統稱為 ET2。

原子時與協調世界時、閏秒

西元 1967 年第十三屆世界度量衡會議上，決定採用原子時，並記為「AT」。原子時的起算點為西元 1958 年 1 月 1 日 UT2 的 0 時，也就是滿足了以下條件：

（AT − UT2）1958.0 = 0

不過因為技術上的原因，在實現這個規定時只得到了：

（AT − UT2）1958.0 = 0.0039 秒

而此值已做為一個歷史常數被儲存下來，應用時扣除這微小的修正量就行了。

世界時、曆書時、原子時 3 種計時系統都是透過尋找一個均勻運動週期來定義秒長，由於地球的自轉和公轉的週期都很長，所以世界時和曆書時的秒長是透過對長週期的等分而得到的。而原子躍遷頻率的週期很短，所以原子時的秒長是透過對短週期的倍乘而得到的。

另外，我們已經知道 UT 是以地球自轉週期來定義的，而地球自轉的速度是不平均的，所以嚴格地說，UT 不是「均勻時」。在 3 種世界時 UT0、UT1、UT2 中，UT2 雖然經過了 3 次修正，但也還有地球自轉的長期變化和隨機跳動無法被修正，因此只能被稱為「準均勻時」。而地球繞太陽公轉的週期是均勻的，原子躍遷頻率的週期也是均勻的，所以曆書時和原子時都可以稱為均勻時。

也許有人會問，既然原子時的秒長最精確，那麼，世界時和曆書時是否就可以不要了？其實不然。世界時 (UT) 與人們的生活連繫最為密切，若把 UT 取消了，人們的生活將感到很不方便，同時，在航海、航空上也都離不開 UT，正因如此，原子時的時間起點也必須和世界時嚴格對準。

這 3 種計時系統如何應用，還要看使用場合。在要求不高時，用世界時 (UT) 就可以了，在要求比較高時，就使用原子時，而曆書時一般只在天文、大地測量等場合使用。

問題是，原子時的秒長與世界時的秒長並不完全相等，時間一長，原子時就偏離了世界時，如從西元 1958 年開始建立原子時算起，到西元 1971 年年底止的一段時間裡，世界時落後於原子時將近 10 秒，而且差異越來越大，因此協商的結果，就產生了「協調世界時」，又稱為「UTC」。

協調世界時不是一種獨立的計時系統，而是一種服務方法。即 3 種計時系統 UT、ET、AT 分別保留了各自的定義，當它們之間在進行換算或在應用中產生衝突時，就會人為地採用一種跳秒的方法來「協調」，以利於應用，也就是「協調世界時」的意義。

協調時間的國際組織

為了有效地協調時間工作，國際上先後成立了一些專門組織和機構，它們按照各自的需求、能力、官方要求和傳統習慣，分別關心時間領域中不同方面的問題，從而形成了一個複雜的系統。這類型的國際組織通常可分為政府組織和非政府組織兩大類，前者一般都得到各國政府某種形式的官方支援

政府組織有：

(1) 國際度量衡大會（CGPM）：有各國政府代表參加的國際會議，《國際米制公約》就是由它簽署和修訂的。

(2) 國際度量衡委員會（CIPM）：為國際度量衡大會閉會期間的行政機構。

(3) 國際度量衡局（BIPM）：國際度量衡大會和國際度量衡委員會的執行機構及實驗室。

(4) 秒定義諮詢委員會（CCDS）：成立於西元 1956 年，由國際度量衡委員會提名的科學家組成。

(5) 國際電信聯盟（ITU）：由各成員國主管部門的官員和電信專家組成。

(6) 國際無線電諮詢委員會（CCIR）：國際電信聯盟中負責處理無線電通訊業務的諮詢機構。它的第七研究組負責處理標準時間和頻率發播業務，目前無線電授時中的許多章程都是由它制訂的。

非政府組織主要有：

(1) 國際科學聯盟（ICSU）：相當於國際上各學術團體之間的總協調單位。

(2) 國際天文學聯合會（IAU）：西元 1919 年成立初期主要處理時間方面的協調問題，目前則透過它的第 31 委員會在時間方面發揮影響力。

(3) 國際無線電科學聯盟（URSI）：負責處理無線電科學中的各種問題，它的 A 組（電磁學計量組）中就包含時間計量。

(4) 國際時間局（BIH）：它是國際原子時（TAI）、協調世界時（UTC）和世界時（UT1）等時間標準的負責機構，也是目前國際上在時間工作中僅有的一個常設機構。

新的挑戰

在原子鐘取得定義時間的統治地位以後，時間工作者並未因此而滿足、止步，他們在進一步改善現有原子鐘各項功能指標的同時，又積極探索新的計時標準。根據目前實驗和理論分析提出的新原理、新方法主要有：利用鉈元素研製鉈原子鐘、利用鎂或鈣的亞毫米束研製鎂或鈣原子鐘、利用離子的特殊結構研製離子鐘，或利用雷射頻率標準研製光子鐘等。

在這些新的探索中，光子鐘是最具潛力的競爭者：光本身也是一種電磁波，它的頻率比無線電波段的頻率高出許多。按照理論分析，雷射頻率的穩定度要比銫標準高出3級，用它做成光子鐘，時間計量的精準度又可以在目前的水準上再提高1,000倍。不過，目前也已經可以預知其所可能產生的問題：

我們知道，時間、長度和質量是三個基本物理量，其他物理量如速度、溫度、照度、電壓、功率等，都可以透過這3個基本量計算而出，比如速度就是由長度和時間計算出來的：

速度＝距離 × 時間

如果雷射時間標準取得成功，它首先會動搖長度標準 —— 公尺的定義。

公尺是世界各國使用比較廣泛，而且也是比較先進的計量長度的單位。1 公尺的長度是指法國巴黎所在經圈上一個象限（90°）的經線長度的 1,000 萬分之一。最初，人們用高硬度和抗氧化的鉑銥合金做成所謂「公尺原器」來保持公尺的標準長度，這種合金的膨脹係數雖然很小（約為 8.75×10^{-6}/℃），但不能保證其長度不隨時間而變化。因此從西元 1960 年起，國際決定用氪（Kr86）的一條發射線波長（AL）來定義公尺，即 1 公尺 ＝ 1,650,763.73λk，也就是說，用波長的倍數來表示公尺的長度。用這種方法確定公尺長，精確度約為 10^{-8} 級，即兩次測量之間的誤差約為 0.01 微公尺。

但是，頻率測量的精確度目前已經提高到 10^{-13} 以上，因此會連帶產生一個問題:波長和頻率透過光速相互聯絡，光速 c 等於波長與頻率 f 的乘積（c ＝ f），這樣的話，光速的精確度就會受到波長標準的影響。因此，近年來國際正在醞釀要不要重新定義光速，如果重新定義光速，那麼「公尺」就不再是獨立的計量單位，它將透過光速與秒定義一致，而三大基本量就會變成為「兩大基本量」。

另外，其他一些計算單位也可能隨之取決於時間，例如電壓測量。目前，電氣工程師用「標準電池」測量電壓，精度在 10^{-5} ～ 10^{-6} 量級。但是我們知道，交流電的頻率 f 與電壓 V 的關係是：

$$f = 2eV/h$$

這裡 e 代表電子的電荷，h 是一個常數，叫普朗克常數。選取適當的比值 e/h，就可以把電壓測量轉化為頻率測量，即轉化為時間的測量，因為時間和頻率互為倒數。

雷射時間標準所具有的巨大潛力已引起世界各國的普遍重視，許多國家的研究工作也逐步有所進展，可謂為時間計量史的又一個里程碑開始破土奠基。

百萬分之一秒的用途

在現代社會的日常生活中，時間精確到秒已經足夠了，我們從未發現有哪個機場會把班機起飛時間定在幾時幾分幾秒點幾幾，也沒看到有哪個學校會用類似的標準規定學生上下課的時間；即使是最新式的現代電子手錶，它給出的時間也只到秒為止。那麼，科學家們為什麼要把時間測得精確到萬分之一秒、百萬分之一秒，甚至億分之一秒呢？

一般說來，人的時間反應大約為十分之幾秒，從反應時間到開始執行某種動作，大約會間隔幾秒鐘，因此，在日常生活中，人們對小於秒的時間，並沒有迫切的需求。但是，在專業活動和科學研究中，情況則完全不同，最簡單的例子是一百公尺賽跑，在現代運動標準下，有時準確到十分之一秒還難以分出勝負，必須準確到百分之一秒才能選出優勝者。

另一個例子則是對於雷電的研究。雷電是大家熟悉的一種自然現象，但卻難以分辨雷電發生的整個過程。事實上，每次雷電的發生都會有一個「主雷區」，首先發出沉悶的先導雷聲，然後在雲層中分叉、放電，劃出閃光傳向地面，這些現象的每一個過程所經歷的時間都不到萬分之一秒，如果時間測量無法精確到萬分之一秒的程度，則人類就很難研究雷電發生的過程，也不可能找到避免雷擊的方法。

再如研究炸藥爆炸的過程。炸藥的爆炸過程很快，甘油炸藥或黃色炸藥（TNT）其爆炸發生在百萬分之一秒（微秒）的短時間裡；現代魚雷用一種高速炸藥引爆，從引爆到爆炸只需要 20 多微秒。如果沒有精確到百萬分之一秒的時間測量，化學家和國防技術人員在測試和記錄各種物質的爆炸速度時，不僅不能找到有效的爆炸物質，可能連他們的生命也難以保全。

至於宇宙航行，它對時間的要求就更高了。太空梭、火箭或衛星的發射、入軌、制導、重返大氣層、安全回收或著陸，每一過程都需要有精密的時間測量。從發射場、飛行控制中心，到回收監視區域，都需要有專門控制時間的系統提供各個部位高精確度的時間訊號，以保證發射成功。據說，美國發射的第二艘載人飛行的「水星」號太空梭，在返回地面前，由於太空梭控制系統出了問題，太空人改用手動控制，使制動火箭的點火時間稍晚了一些，結果太空梭就偏離了正常軌道 20 幾度，又偏離預定著陸點近千公尺，險些釀成災難。

比這更短的時間測量則發生在核子物理學領域。物理學家發現，亞原子（比原子更小）微粒的運動速度接近光速，其壽命特別短，只有幾億分一秒。有位德國科學家號稱發現了第 109 號新元素，這種新元素的壽命只有億分之一秒；還有科學家預言，某些介子的壽命比這還短，大約只有 0.14×10^{-25} 秒。大概可說是人類近期內將要遇到的最短的時間測量了。

準確時間的傳遞

雖然我們已經能夠透過天文觀測獲得準確的時間，並把它儲存在原子鐘裡了。但是，還要把準確的時間盡可能傳達給使用者們，時間訊息的傳遞行為，又可以稱為「授時」或者「報時」，讓所有的使用者可以跟天文臺達到「對時」或「時間同步」的結果。目前存在的報時方式主要有幾種：

聲音報時

最一開始，人們使用機械或聲光的方式完成時間訊息的傳遞，例如古代曾用擊鼓和鳴炮來報時；有的鐘在整點時就會發出聲音 —— 幾點鐘就發出幾聲；或是有的車站會在整點時播放音樂，也是用聲音報時的一種體現。

落球報時

西元 1884 年，中國徐家匯天文臺在上海外灘建立了一個落球報時的訊號站 —— 每到中午 12 點，訊號站中一支竿子上的球會落下來，表示當時的時間是中午 12 點，或是晚上時會使用燈光進行報時，停泊的船隻只要看見閃爍的燈光，就會知道已經是晚上 9 點鐘了。

這幾種機械的或聲光的報時方法，由於精確度比較低，所以只能應用於一些對於時間精確度要求不高的場合，通常也不會超過人的聽覺和視覺範圍。

飛機對時

還有一種對時的方法，是用飛機將時間頻率標準帶到需要的地方。比如在飛機上裝校對好的原子鐘，飛到需要校準時間的地方的上空，用無線電通知使用者並進行對時——這種方法通常也被稱為「搬運鐘法」。其實這種方式跟我們平常用手錶對時差不多，只是精確度更高，可達 $\pm 1 \times 10^{-6}$ 秒以上，主要是微秒級時間同步的主要方法之一。

遠距離定位法

另外有一種「雙曲線無線電導航系統（Loran-C）」，這是一種遠距離定位系統，專門為飛機、船舶、艦艇提供精確的導航，在超過 1,800 公里的距離上，Loran-C 能為使用者提供 50 公尺左右的定位精度。由於 Loran-C 本身就使用原子鐘，因此，只要將 Loran-C 主頻道的銫鐘與天文臺的原子鐘同步在協調世界時上，各副頻道再與主頻道同步，就可以達到時間同步的效果。目前，Loran-C 與協調世界時 (UTC) 之間可以保持 ±15 微秒的時間同步。

廣播與電視報時

利用廣播系統進行時間傳遞的方法在應用上相當廣泛，即每逢整點，都以特定的音響來報告時間，而另一種跟廣播系統報時類似的，則為電視報時。西元 1962 年，捷克境內利用電視微波傳輸線傳播時間訊號，其回路長 800 公里，秒脈衝的時間變化則不超過 1 微秒。不過，這兩種報時方式也都會受傳播時間的影響，而均需要透過實驗再進行校正。

人造衛星報時

第一次衛星對時實驗在西元 1962 年 8 月進行，透過衛星，把美國華盛頓的原子鐘與英國格林威治天文臺的原子鐘校準到 1 微秒左右。而只要我們在地球上等距離地發射

3 個同步衛星，並且在地面上建立接收裝置——「衛星地面站」，就可以達到全球時間同步的結果。

時間到底是什麼

時間在直觀上是明顯的，但在邏輯上卻很難確定，這種奇怪的特性驅使古往今來的許多人對它作出種種推斷和猜測，在每一個時代，哲學家和自然科學家都曾反覆思考過它謎一般的性質，而篤行宗教信仰和堅信科學結果的兩種人，也都曾集中在3個基本問題上：力圖解釋時間究竟是什麼、它將走向何方，以及時間到底有沒有起始和終點。

在這些問題中，有的已經為人們所瞭解，有的至今還沒有令人滿意的答案。也許根本不存在這樣的答案。但是，這類問題的提出，以及對於它們的答案的探求，卻不是沒有意義的，它可以使我們有機會更多地揭示時間和人類所生存的宇宙的特點。

時間不會倒流的證明

我們都熟悉「光陰似箭」、「時不待我」這樣的語句，或是我們也常有一天「匆匆地過去了」這樣的感受，這些似乎都意味著時間以一定的速度在流逝，然而細究起來，這種概念又沒有什麼實際的意義，因為時間究竟怎樣流動、它流動的速度有多快，我們該如何得知呢？

目前我們僅知道，自然界中宏觀運動過程（大尺度範圍內的運動過程）都是單向的，人們不可能在電視臺未播映節目之前就收看到它的影象。而在日常生活中，我們看到的大多數事件過程也都是單向的，比如人由年幼到年老、房屋從新到舊、山岳被分化侵蝕、恆星慢慢耗散能源、宇宙不斷膨脹等。這些事實表明，不論在地球上還是在空間規模上，宇宙中都存在著一個時間方向：它單向向前，永不倒流。然而，我們該如何從這些現象來證明時間不會倒流的理論呢？

舉熱量轉換作為例子。如果我們把一塊冰塊放到一杯水裡，冰塊將吸收水和杯子的熱量而融化，水和杯子則由於提供了它們自身一部分熱量而變冷；而假如我們把這個過程拍下來，並倒帶播放，將會看到當一部分水變熱時，另一部分的水就結成冰，表示熱量只能從較熱的物體向較冷物體流動。

大約在 1 個多世紀以前，物理學家克勞修斯（Clausius）就把這類現象總結成為熱力學第二定律，這個定律說明能量——特別是熱能的流動——總是沿著一個方向進行。後來的許多物理學家把這個現象與時間的流動進行連結，導出了熱能流動和時間流動是同時發生的結論，從而證明時間箭頭的單向性。

但是，時間為什麼只能單向流動呢？有些物理學家認為，在宇宙每天都在稍稍變得更加無序的狀況下，時間的單向性是破壞次序的一種趨勢。

西元 20 世紀末，奧地利物理學家波茲曼（Boltzmann）用簡單的實驗呈現出無序性演變的過程。該實驗只需要用到 3 個廣口瓶、40 張有數字的紙牌，和 40 個標有數字的小球。

實驗開始時，所有紙牌都放在第一個瓶子裡，所有小球都放在第二個瓶子裡，第三個瓶子則是空的。接著，隨意從第一個瓶子裡抽出一張紙牌，並把與它數字相同的小球從第二個瓶子轉移到第三個瓶子裡，然後把紙牌放回第一個瓶子。重複這個動作，每一次，不是小球從第二個瓶子被轉移到第三個瓶子裡，就是反過來，小球由第三個瓶子被轉移到第二個瓶子裡。大概經過 25 次以後，兩個瓶子裡的小球數量會差不多相等，波茲曼指出，只要抽出紙牌的行為是隨機的，有序必然會讓位於無序，並由此認為他解開了時間單向性之謎。

但是我們知道，所謂有序到無序的趨勢並不是一條嚴格的定律，它只是一個機率和統計學的問題，問題的重點不在於有序無序的過程本身，而在於一開始是怎樣達到有序狀態的。為什麼宇宙的趨勢是從有序變為無序，而物質和能量卻有很高的有序性？

波茲曼對此作了有點俏皮地回答。他說，現在之所以有這種有序排列，是因為宇宙中發生過一次罕見的巨大波動，使它擺脫了極有可能的混亂狀態 —— 而這純粹是一種運氣！現在我們可以知道，波茲曼把自己的結論歸功於「機遇」，其實也就等於宣布他並沒有解開時間單向性之謎。

時間在宏觀上的單向流動（亦稱不可逆性）是人類已經觀察到的事實，如何解釋這種現象，到目前為止還沒有結論。近幾十年來，也有些人又從廣義相對論重力時間膨脹這一特定條件下的物理現象出發，引出時間可以回圈的結論，他們認為，重力時間膨脹理論蘊育著一種新的可能性，時間這條線將會閉合成圓形或其他某種更為複雜的曲線，這樣一來，只要宇宙的形狀受到某種限制，時間便能沿這條閉合曲線流動，即有可能回覆過去的狀態，今天可以流向明天，也可以倒回到昨天。這種觀點可以溯源到中世紀創造論的哲學觀。

亞里斯多德的悖論

世界上第一個試圖從物理學角度確定時間和物理運動關係的人，大概是古希臘的哲學家亞里斯多德（Aristotle）。

亞里斯多德生活在西元前 4 世紀，在他所寫的《形上學》書中，他宣布：「只有當我們已經掌握住運動時，我們才能領悟到時間。」但是他又加了一句：「我們不僅用時間來測量運動，也用運動來測量時間，因為它們是相互定義的。」

如果說亞里斯多德接近正確地描述了時間和運動的部分關係的話，那麼在解釋運動的性質和成因時，他的看法就成為悖論了：亞里斯多德從自然界表面「事實」出發，認為任何運動物體都具有趨向靜止的自然趨勢。一塊被拋起的石頭會很快由滾動而變為靜止、馬不拉車，車就停下不動。亞里斯多德由此引出了自己關於運動性質的理論：運動速度直接正比於產生運動的力 —— 一架由兩匹馬拉的車，「自然」要比由一匹馬拉的車快兩倍；一塊 10 公斤重的石頭落下時的速度，「自然」要比 5 公斤重的石頭落下時的速度快兩倍。

然而，運動是怎樣產生的？亞里斯多德認為，自然界中沒有任何東西能自己運動，一個物體的運動必須有另一物體來推動它。他說：「假使一個物體運動是由於另一個物體推動所致，後者的運動勢必會由其他的運動所推動。如果無限地推論下去，是不可能得出結果的。每一個運動的最初運動必須歸因於一個在天上運動的神靈之體。」

如此一來，亞里斯多德就可說是首先把神靈作為不由他物所推動的第一推動者而引進了物理學，從而也把神靈的作用賦予了時間，因為時間和運動「是相互定義的」。

在中世紀宗教神學崩潰以後，亞里斯多德關於運動、時間以及其他許多問題的錯誤觀點，仍然統治科學界達幾百年之久。直到大約西元 13 世紀以後，科學家才比較準確地定義了什麼是速度，他們說，一個物體的運動是指它在空間中位置的簡單變化，速度就是在給定的時間裡，物體位置變化了多少。直到今天，我們仍然沿用這種方式來表示速度，即每秒多少公尺或每小時多少公里。

真正打破亞里斯多德悖論的是伽利略。他不只是一位偉大的天文學家，同時也是一位著名的物理學家。伽利略尖銳地指出：「物體愈重，落下愈快。」這一理論在邏輯上是矛盾的 —— 如果一個重物和一個輕物同時落下，時間分別為 t1 和 t2，而把這兩個物體捆在一起，它們落下的時間該是多少？按照亞里斯多德的看法，將會有兩種答案：

(1) 重物帶動輕物落得快，輕物影響重物落得慢，因而 t1 ＜ t ＜ t2；

(2) 兩物體捆在一起，必重於單個物體，其下落時間必然是 t ＜ t1 ＜ t2。

這兩個結果相互矛盾。因此，伽利略認為亞里斯多德的理論不能成立。

據說，伽利略當時還在比薩斜塔上作過落體實驗，以證明亞里斯多德理論的錯誤。不管這個故事是否屬實，重要的是，這個天才的義大利人真正測量出運動物體的時間 —— 他讓金屬小球從不同長度的斜坡上滾下，同時把漏刻滴下的水收集在杯子裡，秤出這些水的重量，從而測量出小球從不同斜坡滾下時所經歷的時間。

伽利略根據這些實驗進一步指出，單有速度 —— 位置隨時間的變化 —— 不足以定義運動，還必須考量速度隨時間的變化，也就是加速度。在這個階段，伽利略只是提出了問題，但沒有提出實際的現象加以證實，加速度概念的建立是後來由牛頓（Newton）完成的。

牛頓的「絕對時間」觀念

牛頓比伽利略又前進了一步。牛頓認為，與亞里斯多德的理論相反，如果沒有什麼別的東西阻止，運動中的物體絕不會靜止。落下的石頭之所以會落到地面不動，是因為受到地面的阻止；馬車之所以停下，是由於車輪與路面之間有摩擦力，如果是在一條光滑水平的路面上，具有無摩擦軸承的馬車，將會一直滾動下去。因此，牛頓指出，力對於物體的作用，只是使它的運動速度隨時間發生變化，這個變化的量就稱為加速度，而它亦與作用力的大小成正比關係。這就是牛頓運動學第二定律，用我們所熟知的公式表示就是：

$$F = ma$$

這裡 F 為作用力，m 和 a 分別為受力物體的質量和加速度。

牛頓的運動定律，連同他在西元 1684 年提出的萬有引力定律，奠定了經典物理學的基礎，對當時和後來自然科學的發展都有很大影響，直到今天仍被廣泛應用，也繼續發揮著巨大作用。

但是，牛頓定律是以「用以測量運動的時間是一種均勻流逝的『絕對時間』」的概念為基礎的。什麼叫絕對時間？牛頓在其西元 1687 年發表的《自然哲學的數學原理》一書中給出如下定義：

「絕對的、真實的數學時間，就其自身及其本質而言，是永遠均勻流動的，它不依賴於任何外界事物。」

牛頓的這種觀點扭曲了時間與運動的關係，在他自己的理論系統內也是自相矛盾的。因為既然運動不是絕對的，既然如此，我們又要怎麼測量或覺察出絕對時間呢？

牛頓主張他能借助於其他形式的運動來證明絕對時間的存在，也就是旋轉運動，他舉了一個例子：如果把一個水桶吊在捲曲的繩索上，讓它朝著繩索解開的方向旋轉，水面會沿水桶邊緣上升，並形成凹形，旋轉越快，水面上升越高 —— 這就是有名的「水桶實驗」。牛頓認為，這種水面的升高就是一種絕對運動，它在原理上就證明了絕對時間的存在，並為測量絕對時間提供了方法。

但是，水桶是在空間中旋轉的，它必然是相對於宇宙中某個其他物體而言的，因此也就不能說它是絕對的。雖然牛頓認為「如果在真空中旋轉，它仍將給出同樣的結果。」但不僅是牛頓本人、就連後來的物理學家也辦法提出任何實驗證據，證明水桶在宇宙中的旋轉是絕對的。儘管如此，牛頓仍然堅持自己的觀點，他認為，從原則上講，應該有一種理想的時間尺度 —— 絕對時間，能夠獨立存在而與任何特定事件和過程無關。

牛頓的這種觀點遭到了與他同時代的數學家萊布尼茲（Leibniz）的反對。萊布尼茲認為，與時間相比，事件更為基本，那種認為沒有事件時間也會存在的觀點是荒謬的。在他看來，時間是被事件所引發的，所有同時性事件構成了宇宙的一個階段，而這些階段就像昨天、今天和明天一樣一個緊接著一個。萊布尼茲的這種相對時間的理論，在今天看來似乎比牛頓的理論更能為人接受，也更符合現代物理學的發展。

然而，當時牛頓的觀點在西元 18 世紀和 19 世紀仍然居於統治地位 —— 因為它得到了教會的支援。牛頓本人在給教會的一封信中就這樣說過：「用這些原理也許能使深思熟慮的人們相信上帝的存在。」因此，牛頓的絕對時間理論在當時被謳歌成整個宇宙的絕對真理，直至 21 世紀初，人們還普遍認為存在著一個獨一無二的、普遍適用的、不依賴於任何其他事物的時間體系。正因為這樣，當愛因斯坦（Einstein）在西元 1905 年發現了時間理論中一個從未有人懷疑過的漏洞，從而推翻了這些假說以及基於這些假說的整個時間哲學時，震撼了整個物理學界 —— 這個漏洞就是狹義相對論所揭示出的時間的相對性。

時間的相對性

學生時期的愛因斯坦就開始思考一個令人困惑的問題：假如他以光的速度穿過以太（Luminiferous aether）進行旅行，他將會看到什麼？根據運動的相對性原理，這時光束應該相當於靜止空間中振動的電磁場，但這種觀點與馬克士威方程式（Maxwell's equations）不符。於是愛因斯坦開始猜想，力學定律以及包括光的傳播在內的其他物理學定律，對於以不同速度運動的觀測者而言必然具有相同的形式——他認為，相對性原理不僅能應用於力學現象，而且同樣也能應用於光學和電磁學現象。光速不但對於相對靜止的觀測者而言是相同的，對於那些處於相對勻速運動中的觀測者而言也是相同的。邁克生－莫雷實驗（Michelson–Morley experiment）的零結果是「正確的」，因為：第一，以太不存在；第二，光速不變。

愛因斯坦接著便以這兩個結論為前提，擴充了伽利略的相對性原理，建立自己的、更加普遍的新理論——狹義相對論。所謂「狹義」，指它僅限於勻速運動的場合，狹義相對論指出，不管是力學現象，還是光學和電磁學現象，它們所遵循的規律都與慣性的運動狀態無關。

愛因斯坦就完美地解決了馬克士威的電磁波理論和建立在牛頓力學定律基礎上的物理學其他部分之間的衝突，從而開創了物理學的一個新時代。

狹義相對論發表於西元 1905 年，當時論文的題目叫〈論動體的電動力學〉。從這篇文章可知，愛因斯坦是透過分析時間的概念來解決問題的，也是在「同時性的相對性」這個問題上取得突破的。他認為「時間是可疑的」，因此不能以絕對定義，並且指出，對於時間的測量決定於人們對「同時性」的認知。也就是說，對時間間隔的測量必然涉及對同時性的判斷，即一個事件和另一個事件在時間上的吻合。他在〈論動體的電動力學〉一文中對這一點有一段精彩的描述：

「如果我們要描述一個質點的運動，我們就以時間的函式來給出它的座標值。現在我們必須記住，這樣的數學描述，只有在我們十分清楚地懂得『時間』在這裡指的是什麼之後才有物理意義。我們應當考慮到：凡是受時間影響下的我們的一切判斷，總是關於同時的事件的判斷。比如我說，『那列火車 7 點鐘會到達這裡。』意思就是：『我的錶的短針指到 7 與火車的到達是同時發生的事件。』」

可能有人認為，用「我的錶的短針的位置」來代替「時間」，也許就有可能克服由於定義「時間」而帶來的一切困難。事實上，如果問題只是在於為這個錶所在的地點來定義一種時間，那麼這樣一種定義就已經足夠了。但是，如果問題是要把發生在不同地點的一系列事件在時間上進行連結，或者說要定出那些在遠離這個錶的地點所發生的事件的時間，那麼這樣的定義就不夠了。

愛因斯坦認知到，時間與訊號傳遞速度之間有密不可分的關係，不同距離處的兩個事件的同時性，與事件的相對位置以及觀測者藉以感知它們的連結方式有關 —— 如果事件的距離和連結它與觀測者的訊號傳遞的速度是已知的，觀測者便可計算出該事件發生的時間，並把它和自己先前經歷過的某一時刻對應起來，也就是說，這種計算對於不同的觀測者是不同的。但是，在愛因斯坦提出這個問題以前，人們卻一直信守著一個原則：事件被感知的時間只取決於它發生的時間，它對於所有的觀測者都是一樣的。愛因斯坦指出，上述原則是基於「如果所有觀測者的計算都正確無誤，他們對於同一既定事件應該得到相同的時間」這個前提才能成立，然而，愛因斯坦證明，這個前提一般而言是無法成立。他發現一般來說，處於等速相對運動中的不同觀測者，對於同一事件總是會測出不同的時間。如果兩個時鐘相互之間處於等速相對運動之中，則它們將保持不同的時間，你無法說哪個鐘是「準」的——運動中的時鐘總比相對靜止的時鐘要來得更慢，雖然就我們日常所會發生的運動速度來說，這個效應可以被忽略，但當時鐘運動的速度越接近光速，時鐘變慢的效應就越益顯著。

為了進一步說明這個問題，讓我們來做一個想像的實驗：

假定在甲地機場航廈中有兩個各方面條件都相同的時鐘 A 和 B，經過校準同步後，讓 A 鐘留在航廈裡，而把 B 鐘帶上飛機。當飛機由甲地飛經乙地再返回甲地機場時，把 B 鐘和 A 鐘相比，它們的指針所指示的時間會相同嗎？

有些讀者可能會脫口而出：相同！但事實並非如此。如果這兩個時鐘足夠精密的話，我們會發現 B 鐘比 A 鐘慢了一點點。這就是愛因斯坦相對論所預言的「時間膨脹（time dilation）」。

按照狹義相對論，兩個經過校準同步的時鐘，其中一個以速度 V 沿十條閉合曲線運動，經歷一秒後回到原處，那麼它會比那個始終未動的鐘慢 12（V/c）^{2}，此處的 c 為光速。由此可以推論：對於同一個經歷過程，飛機上 B 鐘測定的時間間隔為△τ，航廈裡不動的 A 鐘測得的為△t，同時因為任何物體（在這個例子中指的是飛機）的運動速度不會超過光速，也就是√ 1 －（V/c）^{2}的值始終都會小於 1，所以相對於 A 鐘來說，B 鐘變慢了 —— A 鐘經過 1 秒，B 鐘只經過 1 －（v/C）^{2}秒。

通常情況下，V/c 的值會遠小於 1，1 －（v/C）^{2}的值則會趨近於 1，時鐘變慢的程度微乎其微。但是，如果我們能夠發射一艘太空梭，使它相對於地球以光速的 0.98 倍的速度飛行，在地面上的人看來，太空梭內時鐘的速度將只有地面上時鐘的 1/5，在這種情況下，假如我們又讓 25 歲和 28 歲親兄弟中的哥哥搭乘太空梭進行 5 年的飛行，那麼當他回到地面上時，弟弟將會發現他比哥哥大了 1 歲 —— 因為這 5 年是指地面上的 5 年，弟弟的年齡已經 30 歲了，可是在這段時間裡，太空梭內的時鐘只經過了 1 年，因此哥哥只多了 1 歲，而只有 29 歲。這種現象又被稱為「雙胞胎悖論（twin paradox）」。

相對論所預言的這種奇妙現象，長期以來一直是引起物理學家激烈討論的話題，可是，一直要到原子鐘問世之後，才有可能對它提出支持的實驗證據。

西元 1971 年，美國海軍天文臺把 4 臺銫原子鐘裝在從華盛頓出發的飛機上，分別向東和向西進行環球飛行，結果發現，向東飛行的銫鐘與停放在該天文臺的銫鐘之間讀數相差刃毫微秒；向西飛行時，這一差值為則為 273 微秒。雖然在這次實驗中沒有扣除地心引力所造成的影響，但結果依然可以證明「雙胞胎悖論」是確實存在的。

赤道上的時鐘走得慢

愛因斯坦在他的相對論第一篇論文〈論動體的電動力學〉中推斷：放在赤道上的時鐘，若與放在地球兩極的時鐘相比，在包含質量與其他條件都相同的情況下，會走得慢一些。換句話說，在地球表面不同緯度的地方時鐘走速是不同的 —— 在赤道上，地球自轉速度為 v = 0.46 公尺 / 秒，$V2/c2 \approx 1.8 \times 10^{-12}$；而在兩極，v = 0，一天當中，赤道的鐘將比兩極的鐘慢約 102 毫微秒。

但顯然，愛因斯坦在這裡只考量到時間的速度問題，而沒有把引力的影響同時考慮進去。我們知道，雖然在不同緯度，地球表面的時間速度不相同，越遠離赤道時間速度越慢，到兩極處則為零，但地球是橢球體，兩極反而比赤道更接近地心，因而兩極處的引力勢必會比赤道處來得更大。上述這兩種因素同時對時鐘發揮作用，就會將影響相互抵消，綜合下來結果恰好為零。

為了驗證這個結論，艾利等人又在西元 1977 年 6 月利用 C － 144 型遠端運輸機，在華盛頓（緯度為北緯 38049'）與格陵蘭的一個空軍基地（緯度為北緯 76032'）之間進行了飛行鐘實驗，得到了飛行鐘與地面鐘相差 38 毫微秒的實驗結果，與理論計算值（35 毫微秒）相符，從而證明鐘速與緯度無關，也證明了愛因斯坦當時的推斷是錯誤的，赤道上的時鐘不會比兩極處的時鐘走得慢。

不過，也有人曾提出，在一年中的某一時刻 —— 例如夏至，由於地球自轉軸的傾斜，北極比南極更靠近太陽，這樣一來，根據太陽引力範圍內應用相對論的原理，我們是否可以推測北半球的時鐘會比南半球的快一些呢？

後來的數學證明結果是否定的。西元 1977 年 7 月 C－144 又在華盛頓和紐西蘭的基督城之間進行了兩次飛行，同樣證實了鐘速與它所處的緯度無關的結論。

逐漸減慢的重力鐘

自然界中有 4 種「力」在發揮作用。它們分別是重力、電磁力、核力和在原子衰變時出現的弱作用力。

重力是牛頓發現的，但打開引力祕密大門的卻是愛因斯坦。愛因斯坦在廣義相對論中指出：在宇宙中充滿著重力波，它是在物體周圍產生的空間彎曲與波動形式以光速傳播的一種現象。西元 1938 年，英國物理學家狄拉克 (Dirac) 以及美國物理學家迪克 (Dicke) 在對愛因斯坦的重力理論進行了若干修改以後，先後提出了重力減弱的假設。根據這個假設，重力常數 G 正在緩慢減小，相對於真空電容率，大約每年減小 1×10^{-11}。

然而，重力真的在減弱嗎？這又是一個需要實驗才能回答的問題。原子鐘出現以後，有人提出用原子鐘和「重力鐘」進行比較，就可以直接測出重力減小的範圍。

原子鐘利用原子內電子的振動來代替一般時鐘的鐘擺，而決定電子振動週期大小的作用力是該原子內電子與原子核之間的電磁力，電磁力又是恆定的，因此原子鐘的速率不會變化。

所謂重力鐘就是人造衛星。重力鐘的速率可以根據人造衛星繞地球一圈的週期計算出來，因此，如果重力真的隨時間的增加而逐漸減弱，這個週期就會變大，也就表明重力鐘的速率變慢了。若我們長時間將原子鐘和重力鐘的速率進行持續比對，原則上就可以驗證重力減弱的假設是否正確。

時間有無開頭和終結

時間的開頭和終結是什麼意思？宇宙是無限的還是有限的？

你所說的宇宙又指什麼？

如果前面兩個問題解決了，第三個問題的答案也就清楚了。

時間是物質運動和變化的一種形式。問時間有無開頭和終結，相當於問物質的運動和變化有無開頭和終結。事實上，許多世紀以來，這個問題一直強烈地吸引著人們，從奧古斯丁（Augustinus）到康德（Kant），他們都曾有過論述；到了近代，隨著數學、物理學和天文學的發展，這些問題又被某些自然科學家賦予了新的可說是稀奇古怪的解釋。為方便起見，讓我們先從「時間的終結」談起。

在很久以前，自認為解開了時間單向性之謎的波茲曼又從熱力學原理出發，把宇宙的終結（因而也就是時間的終結）設想成為整個宇宙達到最大熵的階段。他推測，在將來某個不確定的時間點，宇宙間將沒有什麼東西會比另外一些東西更冷或者更熱，最慢的放射性元素都將衰變為穩定元素，恆星會輻射完它們的能量，使嚴寒的星際空間一部分一部分地變暖；地球及其衛星 —— 月球的旋轉會由於宇宙塵埃的摩擦而減慢，最終將脫離其原有軌道而向太陽靠近，人類便也會隨之毀滅。此時，在「燒盡了」的宇宙之中便不再有賴以觀測和測量時間的物質運動，也就是說，時間將達到終結，這就是所謂的「宇宙熱寂（Heat Death of the Universe）」。

那麼，「這個時候」究竟會在什麼時候到來呢？

波茲曼本人沒有提供具體期限，而後來支持他的學術觀點的物理學家計算了「鉛」的衰變週期，得到「時間終結」到來的大概日期是：1.4×120 年。他們認為，鉛 204 的半衰期是 1.4×1017 年，如果這個數字是正確的，假設它又是經過 1,000 次這樣衰變後才成為穩定元素，那麼計算下來應該就會是 1.4×1017×1000 ＝ 1.4×1020 年。

到了西元 20 世紀，由於天文觀測技術的進步，高能天文物理學蓬勃發展，人們對於「宇宙中的神祕島」—— 黑洞有了較多的了解，於是，有些天文學家便由黑洞的研究成果，重新提出時間終結問題。他們認為，時間的終結存在於黑洞之中！

黑洞在宇宙中，就好像地球上傳聞已久的百慕達三角地帶，在一般人的心目中是神祕且可怕的。目前，我們知道它是宇宙中體積很小的特殊天體，是由一些質量很大的天體演化而成，它擁有一個封閉的視界（或稱疆界），不停地吞噬它周圍的物質，就連光輻射也難以倖免，但視界以內的任何物質卻跑不出來。科學家推測，一個巨大星球枯竭、坍縮時，表面重力增加，周圍時空劇烈畸變，最後淪為一點，即所謂「重力奇異點」—— 黑洞。而時間與其他物質一樣，也有一個奇異點，一旦達到這個奇異點便告終結。黑洞代表著時間的終結或時間的疆界，只要越過這條疆界，我們這個宇宙的時間概念便不適用。

回過頭來說，如果時間有終結，那麼它有起點嗎？起點又在哪裡呢？

科學家的回覆是：有，就是宇宙大爆炸。

科學家認為，我們的宇宙目前處於膨脹階段，當膨脹達到極大值以後，就會發生爆炸，並在重力奇異點上陷於毀滅，剩下來的僅是一些看不見的黑洞。若將劇情倒敘，時間的開端就是一場巨大的爆炸 —— 宇宙大爆炸，這個大爆炸並不是一次在空洞中發生的爆破，而是時間、空間和所有物質都賴以生存的一種真正的「開天闢地」，一種宇宙擴張的初始動力，也就是時間的源流。

或許這個理論較好地解釋了關於宇宙中物質變化和結構的許多已知事實，但是，是誰創造了大爆炸？而大爆炸之前又是什麼樣子呢？或者說，宇宙誕生的最初幾分鐘裡是怎樣的景象？

這是天文學家和物理學家們多年來爭論不休的問題。諾貝爾獎得主史蒂文·溫伯格（Steven Weinberg）為此寫過厚厚的一本書——《最初三分鐘》，詳細描述了大爆炸之後僅僅 180 秒之內的有趣景象：

在大爆炸 1 秒時，宇宙中的質子和中子結合成原子，先是 2 個質子和 2 個中子結合成氦原子核，之後進而合成像鋰那樣稍重一些的元素的原子核。然而，這個時期很短，溫度迅速下降，還來不及合成較重的元素。

時間稍微往後推，在不到 1 秒時，宇宙溫度高達 100 億度，光輻射能量極大，稱為宇宙的輻射時期。

在宇宙時間為 10^{-2} 秒（1/100）時，參與交互作用的主要粒子不是光子，而是電子、U 粒子和微中子，由於這些粒子都是輕子，所以這個時期叫輕子時期。輕子時期，宇宙中主導的力是弱交互作用，大量電子和正電子相遇而湮滅，變成光子。

再向後推，在 10^{-6} 秒（即百萬分之一秒）時，宇宙溫度為 10 萬億度，一些質量比電子大的粒子向當活躍，除了大量的質子和中子，還有 π 介子，它們之間的作用是強交互作用，又稱為強子，因此這個時期也就叫強子時期。在強子時期，物質的密度很高，處於超密態，超密態物質隨溫度下降發生相變，釋放出大量熱量，整個宇宙宛如一個小小的燃燒著的火球。

時間越往後推，宇宙越熱，在宇宙時間為 10^{-36} 秒時，溫度高達開氏 1,028 度，這時候正電子和反電子相互湮滅而形成光子。

在 10^{-43} 秒，宇宙溫度為開氏 1,032 度，現在所知道的輕子以及組成強子的夸克（quark）大概就是在這時產生的。10^{-43} 秒之後，宇宙的溫度更高，強烈的輻射會破壞原子，使原子核衰變。在這樣的條件下，我們現在所知的物質是無法存在的，基本粒子本身也會破裂為更基本的組成。

再往後如宇宙時間為 10^{-44} 秒的情況，就沒有畫面了。

上述是科學家對宇宙大爆炸的最初瞬間直至目前所發生的種種現象的解釋，他們依據熱力學原理 —— 即宇宙的半徑每增加一倍，它的絕對溫度便降低到原來的 1/2，並透過監測形成宇宙時間的微波輻射，描繪出這幅圖畫，向我們揭示了一條不可抗拒的人類的演化歷程：

由於宇宙大爆炸產生了形成星系的氣體，星系中的恆星散布出富含各種元素的碎片，然後形成行星，而後就開始了人類的進化史。至於大爆炸之前是什麼樣子？目前科學家們還回答不了這個問題。

其中有一種說法認為，目前宇宙正在向外擴張，但後退星系的交互作用將使擴張的速度減慢，有可能在最後某一天使它停止，然後便開始一個相反的過程 —— 收縮，收縮伸延下去，又會使宇宙縮聚為一點，出現另一次大爆炸，一切又重新開始。

這意味著，開啟我們這個宇宙的大爆炸，是前一次大爆炸後的爆炸，我們這個宇宙的結束也將是另一個宇宙的開始。就像寓言故事中的長生島一樣，宇宙週期性地在燃燒中毀滅，又同時在自己的廢墟中誕生。因此，時間的終結也是開始，宇宙本身也就是一個最基本的時鐘，滴滴答答地記錄著自己擴張和收縮的壯麗週期。

世界之最

最大的日晷

你知道世界上哪一座日晷最大嗎？它就是奧古斯都日晷。這座鐘在古羅馬藝術品中素享盛名，由一塊很大的平地和一根矗立在平地中央的華表組成。平地為鐘面，刻著表示時間的字面；華表為指針，高 20 多公尺，頂端有根尖圓形的小柱作為指針的尖端。華表在地面上不同的投影就表示了不同的時間（比如投影在夏至時長 9.5 公尺，冬至時長 65 公尺），鐘面上還刻有一部儒略曆以及不少極有意義的箴言。

據說這座日晷是於西元前 9 年，由古羅馬皇帝凱撒的養子奧古斯都下令建造，當時還在它的兩邊分別建造了和平祭壇和奧古斯都陵墓。這三件藝術品渾然一體象徵皇帝神聖不可侵犯的威嚴。

然而，這座日晷完成後，卻因為某次提帕河的氾濫而被沖毀，華表向一邊傾斜，後來經過風吹雨，鐘面上的銘文也逐漸被剝蝕，雖然後來的皇帝圖密善曾派人進行維修，但最終還是倒塌，整個淹沒在泥漿裡。西元 1748 年，那根作為指針的花崗石柱被發掘出來而得以重見天日，至於鐘面，則由後來的德國柏林考古研究所所長愛德蒙特．布赫納領導的考古小組在羅馬城中心的一間酒吧底下尋獲，距離當年日晷的所在地約 200 公尺。

最早的電子手錶

電子手錶是 50 年代才開始出現的新型計時器。最早的電子手錶是美國奇異公司（GE）和百達翡麗（Patek Philippe Co.）在 1952 年共同公布的電子手錶原型。這種手錶使用磁性樞軸代替發條進行驅動，不過走時部分則與機械手錶完全相同，被稱為第一代電子手錶。後來於 1960 年，由美國布洛瓦公司（Bulova）最早開始出售「阿克屈隆（Accutron）」音叉電子手錶，這種手錶以音叉的振動頻率作為走時的基準，比擺輪式電子手錶結構簡單，走時也較精確，被稱為第二代電子手錶。1969 年 12 月，日本精工（SEIKO）推出了 35SQ 型電子手錶，為當時世界上最早的石英電子手錶，以石英的固有振動頻率為走時基準，透過電子線路，控制一臺微型電機帶動指針，被稱為第三代電子手錶。由於石英錶走時精確、結構簡單，許多功能都優於機械錶，很受顧客歡迎，不久後就淘汰了第一、第二代電子手錶。

從第一代到第三代電子手錶都保留了傳統手錶的指針錶盤式錶面，不過後來繼之而起的第四代電子手錶——數字顯示式石英電子手錶卻完全脫離了機械手錶的形式，成為一種全新的計時工具。數字顯示電子手錶採用發光二極體或者液晶為顯示元件，直接以數字表示時間，整個手錶由石英晶體、積體電路、螢幕與電池構成，沒有任何走動的機械元件，所以又被稱為「全電子手錶」。世界上最早的全電子手錶是美國漢米爾頓鐘錶公司（Hamilton Company）在西元 1972 年開始出售的「脈衝星（Pulsar）」數字顯示電子手錶，當時的售價為 2,000 美元。

歷時最久的戰爭

歷史上無數次戰爭中歷時最久的一次，要算英法兩國在法國土地上進行的一場曠日持久的戰爭。這場戰爭從西元 1337 年爆發，至 1453 年戰爭結束，前後共延續了 100 多年，所以歷史上稱它為「百年戰爭」。

百年戰爭表面上是由法國王位的繼承問題引起的，實際上是英法兩國的封建王朝為爭奪富庶的佛蘭德爾地區而引起的紛爭。西元 1328 年，法國卡佩王朝無嗣，英裔瓦盧瓦瓦家族的腓力六世（西元 1328 至 1350 年）繼位，開始瓦盧瓦王朝的統治。英王愛德華三世（西元 1327 至 1377 年）以法王腓力四世外孫的資格爭奪繼承權，這就成為戰爭的藉口。導致這次戰爭的最直接的原因是為了爭奪佛蘭德爾地區。法國統治階級早對佛蘭德爾垂涎欲滴了。西元 1320 年代，佛蘭德爾又發生了下層市民和農民的起義，佛蘭德爾伯爵迫於形勢向法王求援，法王腓力六世利用這次機會，於西元 1328 年鎮壓了起義，取消了該城的自治權，建立了直接統治。英國與佛蘭德爾有著密切的經濟關係，是英國的主要出口羊毛的主要市場。所以，英國統治階級對佛蘭德爾也早已夢寐以求。一個垂涎欲滴，一個夢寐以求；

一個藉機取得直接統治，一個眼睜睜地看著「肥肉」給別人搶去了。為此，英國就以繼承權為藉口發動了這場戰爭。

到 15 世紀初，戰爭升級，英國利用法國兩大封建統治集團 —— 奧爾良公爵集團和勃艮第公爵集團的內訌，大肆入侵法國，占領了法國的北部和首都巴黎。西元 1428 年 10 月，英國傾其全力圍攻巴黎南面的奧爾良城。奧爾良城是通往法國南部的門戶，一旦失守，英軍就將長驅直入，整個法國就有淪陷的危險。

在國家存亡的關鍵時刻，法國統治階級內部的矛盾得到了緩和，軍民團結一致，奮力抗戰，最後終於把英軍逐出了自己的國土，結束了這場戰爭。

發出時間最長的信

西元 1492 年 8 月 3 日，哥倫布以西班牙王室和商人公司的資金組成探險隊，乘坐「聖瑪利亞號」和「尼雅號」、「平塔號」，載運著 90 名船員和 30 名西班牙王室派出的人員，由西班牙的巴塞隆納港出發，橫渡大西洋去尋找「新大陸」。這三艘帆船都不太結實，出海不到一個月，「聖瑪利亞號」被海浪吞噬，沉沒海底，另兩艘雖未遭此厄運，也已千瘡百孔，在海上漂了 69 天，總算到達美洲的聖薩爾瓦多島。在這片新發現的大陸上，哥倫布開啟了一段時間的考察，接著又發現了古巴、海地等島嶼，哥倫布決定於隔年1月4日返航。不料2月24日深夜，海面上颳起狂風，巨浪排山倒海似的撲向小帆船，哥倫布擔心萬一船沉海底，世界上將不知道他們的新發現，唯一的辦法，就是將發現新大陸的過程，寫在羊皮紙上，連同一份美洲地圖，用浸過蠟的布緊緊包裹起來，塞進木桶裡，拋進大海，希望有朝一日能被人發現。幸運的是，過了 5 天，海面上風平浪靜，3 月 16 日哥倫布平安地回到了巴塞隆納港。

而這封「木桶信」卻直至西元 1852 年才被一位美國船長在直布羅陀海峽撿起來。算一下，這封信在遼闊的海面上足足漂流了 359 年。

另據報道，西元 1596 年英國女王伊麗莎白一世曾經給中國明神宗朱翊寫過一封關於貿易的信。不幸的是，這封信隨船在海上遇難，直到 1978 年才撈上來，歷時 382 年。

統治時間最長的君主

在世界上現存的君主國中，年事最高、統治最長久的君主要數史瓦濟蘭的索布扎二世了。他生於西元 1899 年 7 月 22 日，同年 12 月，他的父親逝世，於是一個不滿週歲的嬰兒便被選定為王位繼承人。在他長大成人以前，由他的祖母拉博特西貝尼攝政。1916 至 1919 年，索布扎在南非開普敦的洛夫達爾學院攻讀。1921 年 9 月 22 日，年滿 21 歲的索布扎二世正式登基，成為史瓦濟蘭第一個受過高等教育的國王。這位老國王號「恩格溫亞馬」(Ngwenyama)，意思是「獅子」，人們稱他為史瓦濟蘭的「獅」。他的 100 名妻子為他生了 500 名年齡相差懸殊的子女。

史瓦濟蘭位於非洲南部，面積僅 1.736 萬平方公里，人口約 54 萬。數十年來，「獅子」國王為了保持國家的穩定和發展，維護自己的統治，真可謂煞費苦心。他廢除憲法，解散議會，取締政黨，一人獨攬大權，所謂內閣也全由他的親屬組成。他致力於發展以農牧業為主的國民經濟，實現了主糧玉米基本自給，出口糖、石棉、木材、鐵礦砂、柑桔等產品，還輸出勞工和發展旅遊業，使政府財政收支平衡，平均每人的年收入為 500 美元左右，這在非洲各國中已屬中上水準。他不住價值 1,200 萬美元的豪華宮殿，寧願住在王宮附近一幢沒有電燈和自來水的泥房裡，並且經常笑容可掬地去親近人民，以取得人民的信任，並以「神」自居。對外，他則小心翼翼地走著中立道路，強調睦鄰友好，以確保藉助鄰國的進出口通道暢行無阻。

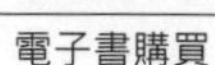

國家圖書館出版品預行編目資料

量度宇宙的節奏，時間科學與人類文明的演進：當人類第一次開始感知「時間的流動」，時間就開始無孔不入地影響人們的生活！ / 侯東政，李慕楠 編著 . -- 第一版 . -- 臺北市：崧燁文化事業有限公司 , 2024.04

面； 公分

POD 版

ISBN 978-626-394-162-5(平裝)

1.CST: 時間 2.CST: 科學 3.CST: 文明史

327.5 113003604

量度宇宙的節奏，時間科學與人類文明的演進：當人類第一次開始感知「時間的流動」，時間就開始無孔不入地影響人們的生活！

編　　著：侯東政，李慕楠

發 行 人：黃振庭

出 版 者：崧燁文化事業有限公司

發 行 者：崧燁文化事業有限公司

E-mail：sonbookservice@gmail.com

粉 絲 頁：https://www.facebook.com/sonbookss/

網　　址：https://sonbook.net/

地　　址：台北市中正區重慶南路一段六十一號八樓 815 室

Rm. 815, 8F., No.61, Sec. 1, Chongqing S. Rd., Zhongzheng Dist., Taipei City 100, Taiwan

電　　話：(02) 2370-3310　　**傳　　真**：(02) 2388-1990

印　　刷：京峯數位服務有限公司

律師顧問：廣華律師事務所 張珮琦律師

定　　價： 299 元

發行日期： 2024 年 04 月第一版

◎本書以 POD 印製